国家重点研发计划项目（2020YFD1000901）资助

山地油菜
绿色高效生产技术

李 俊 主编

中国农业出版社
北京

主　编　李　俊（中国农业科学院油料作物研究所）

副主编　尹　亮（湖北省农业农村厅）

　　　　赵永国（广东石油化工学院）

编写人员（按姓氏笔画排序）

　　　　丁桂玲（中国农业科学院蜜蜂研究所）

　　　　王艳萍（婺源县农业农村局）

　　　　任　莉（中国农业科学院油料作物研究所）

　　　　华水金（浙江省农业科学院）

　　　　汤　庆（农业农村部南京农业机械化研究所）

　　　　李心昊（中国农业科学院油料作物研究所）

　　　　李必钦（恩施州农业科学院）

　　　　杨　柳（湖南农业大学）

　　　　肖晓璐（中国农业科学院油料作物研究所）

　　　　吴　俊（农业农村部南京农业机械化研究所）

　　　　邹小云（江西省农业科学院）

　　　　汪　波（华中农业大学）

　　　　张朝阳（恩施州农业科学院）

　　　　陆光远（广东石油化工学院）

　　　　陈伦林（江西省农业科学院）

　　　　罗金华（恩施州农业科学院）

　　　　周　磊（中国科协培训和人才服务中心）

　　　　黄家兴（中国农业科学院蜜蜂研究所）

　　　　蒋　兰（农业农村部南京农业机械化研究所）

　　　　程建华（婺源县农业农村局）

　　　　蒯　婕（华中农业大学）

　　　　谭太龙（湖南农业大学）

　　　　熊　洁（江西省农业科学院）

前　　言

  我国是食用油消费大国，食用油国内供给长期处于短缺状态。目前，国内油料作物仅能提供生产食用油消费量的 30％ 左右，有约 70％ 需要进口填补缺口。2020 年，中国菜籽油进口量为 193.2 万吨，大豆进口量超过 1 亿吨，这极大影响了我国的食用油供给安全。因此，促进油料作物生产，保障国家食用油安全供给是我们面临的重要课题。油菜是我国国产食用植物油的第一大来源作物，占国产油料作物产油量一半以上，因此，油菜产业的健康稳定发展是我国植物油供给安全的重要保障。

  目前，我国油菜产业在促生产、保供给方面面临着严峻挑战。一是进口油料及其制品冲击严重。国外油料及其制品大量进入我国，不断挤占国内油料消费市场，控制国内食用油市场话语权。受国际市场影响，国内油料价格波动剧烈，对我国油菜生产造成严重冲击，年度间种植面积和产量波动较大。二是生产效益不断下滑。我国油菜生产主要以人工为主，随着劳动力、化肥、农药、农用柴油等价格上涨，农民种植油菜成本大幅增加，效益不断下滑。据国家发展和改革委员会统计数据，

2010—2019 年，油菜每亩生产成本由 467 元提高到
743.4 元，净利润明显下降。三是自然灾害频繁。随着
全球性气候变暖和灾害性气候发生频率的提高，干旱、
洪涝、高温、冻害、菌核病、根肿病等危害趋于严重。
四是政策支持力度不够。国家制定的相应粮食补贴政策
并没有延伸到油料作物，如国家对每亩小麦的综合补贴
达 70 元，而油菜补贴仅 10 元，农民的种植积极性较低。

在各种挑战和困难面前，我国油菜生产进入了艰难
的转型期，但油菜产业发展未来仍充满希望与机遇。首
先，我国油菜还有超过 400 万公顷的种植面积发展潜力
可挖掘。在大豆、花生、芝麻等夏季油料作物的种植规
模很难扩大的情况下，油菜将利用 667 万公顷南方冬闲
田和边际耕地担当起扩大油料作物生产的发展重任。其
次，我国油菜新品种产油量潜力十分巨大，为增产提供
了坚实的基础。近年来，我国油菜高产品种的区试单产
已接近 3 000 千克/公顷，部分品种含油量达到 50% 以
上，相对于当前全国平均单产 1 905 千克/公顷、含油量
42% 的生产水平，通过大力推广普及"三高"品种和提
高种植密度，我国的油菜单位面积产油量将在现有基础
上提高 40% 左右。再次，我国油菜机械化生产技术储备
即将推动新一轮技术革命。经过科技攻关，已经成功研
制出油菜精量播种机、油菜收获机及种植密度调节、化

学除草、缓控释肥、一促四防等机械化生产装备与配套技术，实现了农民轻松种田，油菜生产效率和效益显著提高。最后，油菜的"粮油兼丰"生态功能将进一步扩展油菜生产空间，通过与水稻、小麦、玉米等粮食作物轮作，可以在促进粮食增产稳产的同时进一步扩大油菜种植面积。

山地油菜占我国油菜种植总面积的 1/3 以上，对我国油菜产业发展具有重要意义。我国多数山地丘陵地区适宜种植油菜，特别随着山区油菜花旅游的日益兴起，近年来山地油菜种植面积不断扩大，2020 年，我国山地油菜种植面积已达 3 000 余万亩，已经成为油菜产量新的增长点之一。然而由于山地土壤肥力及水利灌溉条件相对较差、机械化作业较难等问题，山地油菜生产技术发展一直是我国油菜生产发展的短板，特别是山地油菜受地形地貌、经济发展现状等因素影响，长期被忽视，发展缓慢，对于山地油菜系统性的研究和介绍也较少。我们认为，在当前我国乡村迎来全面振兴的新时代、农村改革发展进入新阶段的背景之下，山地油菜应紧扣绿色高质高效发展，以实现山地油菜的"轻简、高效、高质、绿色"为目标，充分发挥油菜种植、旅游、产业延伸带动等多方面的效益，促进我国山地油菜的特色化、差异化和高效发展。

本书总结了油菜育种技术、栽培技术、植保技术、机械化及多功能利用技术等方面内容，较为全面地介绍了当前山地油菜最新科研成果和生产技术。本书对我国山地油菜的发展现状、生产能力及影响因素等进行了深入分析，提出了较为可行的发展策略，可为广大科研工作者、生产管理者在山地油菜科研、生产及决策管理等工作提供参考。

编　者

2022 年 5 月

目　　录

目　录

第一章 我国山地油菜生产概述

第一节 我国油菜生产基本情况

一、油菜基本情况

油菜是十字花科芸薹属作物，其适应性强、用途广、经济价值高，是我国主要的食用油生产原料。目前，世界上油菜主要栽培类型包括三大类，分别是：甘蓝型油菜（*Brassica napus* L.）、白菜型油菜［*Brassica rapa*（campestris）L.］和芥菜型油菜（*Brassica juncea* L.）。与大豆、棕榈等大宗油料作物相比，油菜的饱和脂肪酸含量最低（7%），不饱和脂肪酸含量可达90%以上，其品质与茶油和橄榄油相当，有"东方橄榄油"的美誉。油菜同时具有油用、花用、蜜用、菜用、饲用、肥用六大功能，可促进一二三产业的全面融合，是发展潜力最大的油料作物。

我国是世界油料生产和消费大国，经过国家连续种植结构调整和优化，目前我国油料作物种植结构基本形成以油菜、花生、大豆为主的格局，其中油菜常年种植面积在1亿亩*左右，表1-1列举了我国2010—2019年油菜播种面积和油菜籽产量情况，其中2019年播种面积为658.309万公顷，油菜籽产量为1 348.47万吨。

图1-1列出了2019年我国主要油菜生产省份油菜播种面积

---

* 亩为非法定计量单位，1亩≈667米²。

情况，可以看出，油菜种植主要区域为长江流域，其中播种面积排前三位的为湖南省、四川省和湖北省，面积分别为124.098万公顷、122.261万公顷和93.831万公顷，远远高于其他省份。

表1-1　2010—2019年我国油菜播种面积和油菜籽产量数据

时间	油菜播种面积（万公顷）	油菜籽产量（万吨）
2010年	731.597	1 278.81
2011年	719.195	1 313.73
2012年	718.665	1 340.15
2013年	719.349	1 363.63
2014年	715.809	1 391.43
2015年	702.766	1 385.92
2016年	662.281	1 312.8
2017年	665.301	1 327.41
2018年	655.061	1 328.12
2019年	658.309	1 348.47

数据来源：国家统计局。

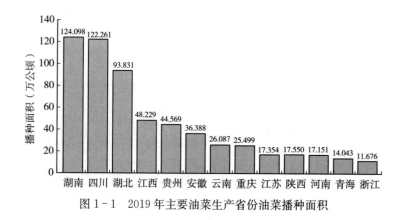

图1-1　2019年主要油菜生产省份油菜播种面积

二、山地油菜的概念与分布

山地是地貌学上的概念，也是地理学其他分支学科以及资源环境、人口、经济、社会等诸多领域的常用概念。从农业上来讲，山地之"地"有土地之意，土地与山叠加形成陡坡、缓坡、侵蚀坡、堆积坡、谷地、峡谷地、宽谷地，从而表现出利用形式上的宜耕地、宜林地、宜草地、宜牧地等。山地在维系人类社会生存与发展以及改善人类生存环境质量中有着十分重要的作用。据统计，全球陆地约有 20% 的面积为山地，全世界约有 50% 的人口依靠山地资源而生存。我国是一个多山的国家，全国山地面积占国土总面积的 69% 以上（余大富等，2000）。山地油菜是相对于平原油菜而言的，是指在我国山地上进行油菜生产的一种模式。据统计，我国山地油菜种植面积约占油菜种植总面积的 1/3，但因山区地形起伏较大，坡度陡峻，沟谷幽深，对于油菜生产限制较大，且缺乏适应性强、抗性好的油菜品种。同时，随着城镇化的迅速发展，山区农村现有劳动力数量逐年下降，劳动力逐渐老龄化，也严重阻碍了油菜的发展。探讨合理的油菜生产方式有利于提高农民种植油菜的积极性，进而提高油菜产量，切实保障农民的收益。

三、山地油菜生产现状

山地油菜相对于平原平地、高原平地等大规模集中连片地区而言，地势落差较大、单块田地面积不大。其中四川、重庆、云南、贵州、湖北西南部、湖南大部、江西、浙江西北部等位于长江流域主产区，地理环境多山地、丘陵，受山脉影响，阴雨天较多，降水较充沛，气候湿润温暖，冬季最低气温在 0℃ 以上，因而植物很少受到严寒影响，冻害发生少，有利于秋播油菜的生长发育。这些地区大多为两熟制，不与主粮争地。比如贵州地区为喀斯特地貌，可耕种的农田多以小面积地块为主，有谚语称贵州"地无三尺平"。青藏高原、黄土高原山区也有部分油菜种植，这些地区具有日照强烈、气温较低、温差大、雨水集中、干湿明显、冬春季少雨雪的气候特点。

我国山地油菜在四川、湖北、湖南、贵州等地均有种植，其中四川作为我国油菜优势产区，常年油菜种植面积1 200万～1 500万亩，除川西平原区外，川中丘陵区、川东北山区、川西南山区和高原区油菜种植面积占四川油菜总种植面积的70%以上。在湖北油菜主产区，宜昌、恩施、十堰等地地形均以山地为主，宜昌常年油菜种植面积在115万亩以上，恩施和十堰常年油菜种植面积均在63万亩以上。湖南油菜种植面积在2020年已扩大到1 989万亩，占全国总面积的18%。湖南全省以山地、丘陵为主，其中山地面积占全省总面积的51.22%，丘陵面积占15.40%，此地形条件决定了山地油菜在湖南油菜种植面积中占重大比重。在陕西、云南、江西等地也有大面积的山地油菜种植，并在当地已发展为优势产业。山地油菜主要包括稻田油菜和旱地油菜。稻田油菜主要是灌溉条件较好的稻油两熟制油菜。旱地油菜主要是夏季种植玉米、花生、烟草、蔬菜、小杂粮等，冬季种植油菜，高原山区则为一年一季种植油菜，主要为白菜型油菜、芥菜型油菜，其余地区主要种植甘蓝型油菜。

山地油菜生产受山区地形所限，土地分散，绝大多数耕地面积狭小，高低不平，土壤酸、干、瘦、薄特征明显，而且山区气候条件恶劣，干旱、霜冻、风灾、高温及蚜害"五害"频发，加之基础设施薄弱，耕作制度滞后，油菜播种时期、种植规格及病虫害防治等配套技术成熟度不高，生产成本高，比较效益不明显，致使大面积油菜产量、产值偏低。此外，农户认识水平和知识结构差异较大，给高产创建的技术指导和措施落实造成较大困难，农民自主经营影响了统一布局，给连片创建和规模生产带来较大的阻力。

由于山地种植油菜产量相对较低，而投入又相对较大，种植效益不高，比种植蔬菜等经济作物收益少。需要指出的是，山地油菜种植风险大，尤其是旱灾和高海拔山区的低温霜冻危害导致油菜产量大减，因此，很容易导致农民种植积极性不高，油菜产业原动力不足。另外，国外菜籽不仅含油率高，比国内高 3～5 个百分点，而且价格低，单价为 3.5～4.0 元/千克，比国内低 0.5～1.0 元/千克，较国内菜籽具有明显优势。多年来油菜籽加工产品主要是在当地销售，而且农村消费群体主要是以油菜籽兑换菜油，加之企业对新产品研发和市场开拓不足，没有形成知名品牌，产品缺乏市场竞争力。

第二节　我国山地油菜的分布与区划

一、我国油菜的分布与区划

我国油菜按农业区划和油菜消费特性，以六盘山和太岳山为界线，大致分为冬油菜区（9月底种植，次年5月底收获）和春油菜区（4月底种植，9月底收获）两大产区。冬油菜面积和产量均占90%以上，主要集中于长江流域，春油菜集中于东北和西北地区，以内蒙古海拉尔地区最为集中。根据资源状况、生产水平和耕作制度，将长江流域油菜优势区划分为以下3个区。

1. 长江上游优势区　该区主要包括四川、重庆、云南和贵州。气候温和湿润，相对湿度大，云雾和阴雨日数较多，冬季无严寒，利于秋播油菜生长。加之温光水热条件优越，油菜生长水平较高，耕作制度以两熟制为主。该区常年种植面积和产量占长江流域的25%～27%。四川省有食用菜油的传统，因而油菜种植面积很广，主要分布在德阳、绵阳、眉山、遂宁和内江等地。

2. 长江中游优势区　该区主要包括湖北、湖南、江西、安徽和河南等地区，属于亚热带季风气候，光照充足，热量丰富，雨水充沛，适宜油菜生长。该区主要耕作制度包括两熟制和三熟制，面积和产量分别占长江流域的 59% 和 56%，是长江流域油菜种植面积最大、分布最集中的产区。湖北省是我国油菜科研和生产的传统优势区，种植区域分布于江汉平原和鄂东地区，具体包括荆州、荆门、襄阳、宜昌、孝感、黄冈和黄石等地。湖南省油菜种植区域主要集中于湘北洞庭湖平原和湘中南丘陵山区，具体包括常德、益阳和衡阳等地。安徽省油菜主要集中于淮河以南及沿江一带，具体包括六安、合肥、芜湖、安庆和宣城等地。

3. 长江下游优势区 该区包括江苏、浙江和上海等地，属于亚热带气候，雨水充沛，日照丰富，光温水热资源适合油菜生长。该区主要不利因素是地下水位较高，易形成渍害，且土地、劳力资源紧张，生产成本相对较高，其耕作制度以两熟制为主。该区油菜种植面积和产量分别占长江流域的 14% 和 18%，是长江流域菜籽单产水平最高的产区。该区地处长江三角洲，交通便利，港口贸易活跃，油脂加工企业规模大，带动能力强。江苏省油菜种植区域主要集中于长江以北，包括盐城、扬州、泰州、南通及南京等丘陵地区。浙江省油菜种植面积主要集中于杭州、嘉兴、湖州和浙南的衢州、金华，这 2 个地区油菜产量占浙江总产的 85%，近年来，由于工业快速发展，浙江省油菜种植面积和产量降幅较大。

二、山地油菜的分布

我国是个多山地的国家，大部分耕地分布在山地丘陵区。据统计，我国山地、高原和丘陵约占陆地面积的 67%。在四川、云南、贵州、湖北西南部、湖南、江西、浙江北部等长江流域油菜主产区，地理环境多山地，受山脉影响阴雨天较多，但降水充沛，气候湿润温暖，冬季最低气温在 0℃ 以上，因而植株很少受到严寒影响，冻害发生少，有利于秋播油菜的生长发育。

云南是山地油菜主要种植区，而玉溪作为云南重要的油菜种植区年种植面积约 1.67 万公顷，且随着该区土地成本、劳动力成本的逐年增加以及"油菜癌症"根肿病的侵袭，油菜的比较效益逐渐降低，种植面积逐年萎缩，"油菜上山"呈现增长态势。贵州及湖北西南部的巴东县，是典型的喀斯特地貌，地表崎岖，山峦起伏，沟壑纵横。在青藏高原和黄土高原山区也有部分油菜种植，该区域日照强烈、气温较低、昼夜温差大、雨水集中、干湿明显。例如在青海省，油菜是互助土族自治县（以下简称互助县）县的主要经济作物，年播种面积可达 2.4 万公顷，在六大作物中仅次于小麦，位居第二位，而且优质油菜产量高，深受农民欢迎，已成为互助县脑山地区和半浅半脑山地区农民增收的主要作物。甘肃庆城县属温带大陆性季风气候，地处陇东黄土高原中部地带，全县除驿马镇、桐川镇有部分较宽塬面外，其余塬面支离破碎，川、台狭小，山区梁峁起伏、沟壑纵横，呈残塬沟壑与丘陵沟壑地貌类型，全县耕地总面 80 多万亩，其中冬油菜年种植面积超过 8 万亩，是主要的油料作物。另外，陕南秦巴山区油菜种植面积约占陕西省油菜种植面积的 64.41%，独特的地理及气候优势，使该区域成为陕西优质油菜的重点生产区。

第二章 山地油菜栽培管理技术

目前，种植油菜有采薹、观花、养蜜、收籽（油用、饼粕）、饲料、绿肥等多种用途，可与马铃薯、玉米、花生、甘薯、蔬菜、秋大豆等采用两熟制进行轮作。山地油菜播种期在9月上中旬，油菜春节前不会开花，而是积累营养体，为来年高产积累物质基础（长成油菜树）。山地因山高林密，9—10月及翌年4—5月雨日多、雨量大，阳光资源不及平原丰富，湿度大等原因，导致油菜病虫草害严重，尤其种植密度过大会加重病虫害，严重降低产量。由于山地田块分散，单块面积较小，坡度较大，不适合机械化种植油菜，故山地油菜产量较低。

第一节 山地油菜品种选择与介绍

在山地发展油菜生产，选择好品种是关键，品种选择应注意以下几个条件。一是单株产量潜力大。品种的产量潜力要高，生长势强，分枝数较多；熟相要好，枝条基部和终端角果的角粒数和粒重要基本一致，成熟时角果呈正常黄色；千粒重3.8克以上，每角粒数20粒以上。二是品种抗性好。品种的抗逆性好，耐低温阴雨能力强，茎秆和枝条坚韧度强，抗倒，抗菌核病、霜霉病和白粉病。三是品种含油量高。品质达双低标准，含油量出油率较高。四是生育期适宜。选择半冬性甘蓝型品种，低山区2月中旬初花、5月上旬成熟，高山区3月初开花、6月上旬成熟，不宜选择冬性强或弱的品种。五是最好菜油兼用型品种。菜薹纤维含量低，食用口感好，采菜薹后油菜籽产量较高。

在产量优势强的区域发展山地油菜并实现早熟、抗旱耐瘠品种及轻简化栽培技术应用，对提高我国食用油自给率、保障我国粮油安全和增加农民收入具有十分重要的意义，现将目前我国主要的山地油菜品种进行概述。

一、中油杂 19（国审油 2013013）

甘蓝型半冬性化学诱导雄性不育两系杂交品种。全生育期230 天。幼苗半直立，裂叶，叶缘无锯齿，叶片绿色，花瓣黄色，籽粒黑褐色。株高 162.7 厘米，一次有效分枝数 6.57 个，单株有效角果数 277.7 个，每角粒数 22.3 粒，千粒重 4.09 克。菌核病发病率 28.5%，病指 16.15；病毒病发病率 5.09%，病指 2.83。低抗菌核病，抗倒性强。籽粒含油率 49.95%，芥酸含量 0.15%，饼粕硫苷含量 21.05 微摩尔/克。

二、大地 199

半冬性甘蓝型杂交种。在长江中游和长江下游地区平均全生育期分别为 209.2 天和 227.5 天。苗期植株生长习性半直立，叶片颜色中等绿色，叶片裂片数量 7～9 片，叶缘缺刻程度中。花瓣相对位置侧叠，中等黄色。角果果身长度较长，角果姿态平生。在长江中、下游地区平均株高 157.19 厘米，分枝部位高度 60.66 厘米，有效分枝数 7.04 个，单株有效角果数 264.33 个，每角粒数 19.53 粒，千粒重 4.51 克。硫苷含量 21.80 微摩尔/克，含油率 48.67%。低感菌核病，抗病毒病，耐旱、耐渍性强，抗寒性中等，抗倒性强。

三、华油杂 62（国审油 2011021）

甘蓝型半冬性波里马细胞质雄性不育系杂交种。长江下游全生育期 230 天，与对照秦油 7 号相当。苗期长势中等，半直立，叶片缺刻较深，叶色浓绿，叶缘浅锯齿，蜡粉较厚，叶片无刺毛。花瓣大、黄色、侧叠。株高 147.8 厘米，一次有效分枝数 7.8 个，单株有效角果数 333.1 个，每角粒数 22.7 粒，千粒重 3.62 克。菌核病发病率 20.59%，病指 9.35；病毒病发病率 4.86%，病指 1.74。抗病鉴定综合评价为低感菌核病，抗倒性较强。经农业农村部油料及制品质量监督检验测试中心检测，平均芥酸含量 0.45%，饼粕硫苷含量 29.68 微摩尔/克，含油率 41.46%。

四、沣油 737（国审油 2011015）

甘蓝型半冬性细胞质雄性不育三系杂交种。幼苗半直立，子叶肾形，叶色浓绿，叶柄短。花瓣深黄色。种子黑褐色，圆形。全生育期平均 217 天，比对照中油杂 2 号早熟 1 天。株高 154.2 厘米，一次有效分枝数 7.5 个，单株有效角果数 282.5 个，每角粒数 19.3 粒，千粒重 3.64 克。菌核病发病率 7.95%，病指 4.31；病毒病发病率 0.92%，病指 0.54。菌核病综合评定为低感，抗倒性强。经农业农村部油料及制品质量监督检验测试中心检测，平均芥酸含量 0.05%，饼粕硫苷含量 37.22 微摩尔/克，含油率 41.59%。

五、油研 50（国审油 2009011）

甘蓝型半冬性中熟隐性核不育两系杂交种。苗期半直立，子叶肾形，深裂叶，顶裂片宽大呈椭圆形，裂叶 3～4 对；叶色较深，有蜡粉，叶缘锯齿明显。花黄色。种子黑色，有少数黄籽。全生育期 219 天，与对照中油杂 2 号相当，平均株高 168.8 厘米，匀生分枝类型，一次有效分枝数 8.1 个，单株有效角果数 279.6 个，每角粒数 19.2 粒，千粒重 4.23 克。菌核病发病率

8.4%，病指 5.67；病毒病发病率 0.47%，病指 0.35。抗病鉴定综合评价低感菌核病。抗倒性较强。经农业农村部油料及制品质量监督检验测试中心检测，平均芥酸含量 0.45%，饼粕硫苷含量 25.02 微摩尔/克，含油率 42.77%。

六、德新油 59（国审油 2010016）

甘蓝型半冬性细胞核雄性不育两系杂交种。幼苗半直立，叶色绿，非全缘叶，叶片卵圆形。花瓣较大、黄花、侧叠。种子黑褐色。区试结果：全生育期平均 219 天，比对照中油杂 2 号晚熟 1 天。平均株高 176.8 厘米，匀生分枝类型。一次有效分枝数 7.7 个，单株有效角果数 301 个，每角粒数 19.9 粒，千粒重 3.82 克。菌核病发病率 5.60%，病指 3.1；病毒病发病率 0.68%，病指 0.46。抗病性鉴定综合评价为低抗菌核病。抗倒性较强。经农业农村部油料及制品质量监督检验测试中心检测，平均芥酸含量 0.45%，饼粕硫苷含量 23.97 微摩尔/克，含油率 42.61%。

七、庆油 3 号〔GPD 油菜（2018）500070〕

甘蓝型油菜两系杂交组合。全生育期平均为 210.7 天，中熟，幼苗半直立，叶色中等绿色，有蜡粉，叶脉明显，叶片无刺毛，羽状裂缺，顶裂片较大，边缘有锯齿。植株高度 160～200 厘米，一次有效分枝 8～9 个，分枝角度适中，株型紧凑，全株有效角果数 350～500 个，每角粒数 20～25 粒。花朵中等黄色，花瓣大而重叠，雌蕊淡黄色，雄蕊高于雌蕊，花药发达，花粉量充足。种子黑灰色，菜籽花籽、圆形，菜籽千粒重 4.08～4.63 克。芥酸含量 0.1%，硫苷含量 21.61 微摩尔/克，含油率 49.96%。低抗菌核病，中抗病毒病，其他病害轻，耐冻能力较强，低抗裂荚，抗倒性较强。

八、庆油 8 号［GPD 油菜（2019）500089］

甘蓝型化学诱导雄性不育两系杂交品种。全生育期 209 天左右，熟期适中。幼苗半直立，叶色深绿，有蜡粉，叶脉明显，叶片无刺毛，羽状裂缺，顶裂片较大，边缘有锯齿；花朵黄色，花瓣大而重叠，雄蕊高于雌蕊，花药发达，花粉充足；植株高度150～180 厘米，一次有效分枝 8～9 个，分枝角度适中，株型紧凑，全株有效角果数 350～500 个，每角粒数 20～30 粒，千粒重4.07～4.92 克。芥酸含量 0.158%，硫苷含量 25.68 微摩尔/克，含油率 51.54%。中抗菌核病，中抗病毒病，霜霉病发病较轻，抗寒性较强，抗裂荚，抗倒伏。

九、华油杂 9 号［GPD 油菜（2017）420065］

甘蓝型半冬性细胞质雄性不育三系杂交种。全生育期平均233 天。子叶肾脏形，苗期叶为圆叶型，叶绿色，顶叶中等，有裂叶 2～3 对，茎绿色，黄花，花瓣相互重叠，种子黑褐色，近圆形。株型为扇形紧凑，平均株高 175～190 厘米，一次有效分枝 8 个，二次有效分枝 10 个，主花序长 85 厘米，单株有效角果数 380～480 个，每角粒数 21～23 粒，千粒重 2.98～3.05 克。冬前、春后均长势强。抗寒中等。菌核病发病率 28.5%，病指13.24；病毒病发病率 25.25%，病指 11.72。低感菌核和病毒病，抗倒性强。经农业农村部油料及制品质量监督检验测试中心区试抽样检测，芥酸含量 0.47%，硫苷含量 23.05 微摩尔/克，含油率 41.09%。

十、华油杂 15［GPD 油菜（2017）420021］

甘蓝型半冬性油菜杂交种。株型为扇形，较紧凑，株高中等，分枝部位中等，抗倒性较强。子叶肾形，苗期叶为圆叶型；

顶叶中等大，有裂叶 2～3 对。茎绿色，花黄色，花瓣相互重叠。角果较短，角粒数较多，籽粒较小。区域试验中单株有效角果数 351.9 个，每角粒数 20.7 粒，千粒重 2.98 克。菌核病发病率 10.16%，病指 5.49；病毒病发病率 1.07%，病指 0.53。对菌核病和病毒病的抗（耐）病能力比中双 9 号略差。抗倒性强，抗寒性强。出苗至成熟 214.3 天，比中双 9 号长 0.6 天。经农业农村部农作物种子质量监督检验测试中心（武汉）测定，芥酸含量 0.51%，饼粕硫苷含量 24.15 微摩尔/克，粗脂肪含油率 43.82%。

十一、华油杂 50［GPD 油菜（2017）420204］

甘蓝型半冬性细胞核雄性不育三系杂交品种，全生育期 216 天。幼苗半直立，叶绿色，顶叶长圆形，叶缘浅锯齿，裂叶 2～3 对，有缺刻，叶面有少量蜡粉，无刺毛；花瓣长度中等，宽中等，呈侧叠状。株高 191 厘米，中部分枝类型，一次有效分枝数 6 个，单株有效角果数 183 个，每角粒数 24 粒，千粒重 4.6 克。芥酸 0%，硫苷 21.32 微摩尔/克，含油率 49.56%。低感菌核病，低抗病毒病，抗寒性强，抗裂荚性中等，抗倒性较强。

十二、阳光 2009（国审油 2011009）

甘蓝型半冬性常规种。苗期半直立，顶裂叶中等，叶色较绿，蜡粉少，叶片长度中等，侧叠叶 3～4 对，裂叶深，叶脉明显，叶缘有小齿，波状。花瓣黄色，花瓣长度中等，较宽，呈侧叠状。种子黑色。全生育期 217 天，与对照中油杂 2 号相当。株高 178.0 厘米，一次有效分枝数 8 个，匀生分枝类型，单株有效角果数 275 个，每角粒数 19 粒，千粒重 3.79 克。菌核病发病率 10.03%，病指 6.71；病毒病发病率 1.00%，病指 0.60。抗病鉴定综合评价为低抗菌核病。抗倒性强。经农业农村部油料及制品质量监督检验测试中心检测，平均芥酸含量 0.25%，饼粕硫苷含量 18.39 微摩尔/克，含油率 43.98％。

十三、德油 8 号（国审油 2004021）

甘蓝型半冬性核不育杂交种，全生育期长江上游地区平均 214 天，长江中下游地区平均 223 天。叶色微浅绿，裂叶 3 对，顶叶无明显缺刻，苗期半匍匐，花瓣较大呈覆瓦状，花瓣黄色。平均株高 193 厘米，分枝高 56～70 厘米，分枝数 10 个，主花序长度 63 厘米，单株有效角果数 450 个，每角粒数 17 粒，千粒重 3.7 克。低感菌核病，低抗病毒病，抗倒性较好。经农业农村部油料及制品质量监督检验测试中心区试抽样检测，芥酸含量 0.25％，硫苷含量 23.71 微摩尔/克，含油率 42％。

十四、德油杂 12［GPD 油菜（2018）510016］

甘蓝型半冬性隐性雄性核不育两系杂交品种。苗期长势旺，半匍匐状，长柄叶，呈长圆形，叶缘锯齿明显，有叶裂，叶绿色。茎秆粗壮，多蜡粉，株高 195.7 厘米，一次有效分枝 14.2 个，角果平生，单株有效角果数 680.4 个，主花序长 65.8 厘米，主花序有效角果数 99.8 个，角粒数 22.7 粒，千粒重 3.76 克，分枝部位 42.2 厘米，花期 25 天左右，花瓣大而平展，侧叠，黄色，雌雄蕊发育正常，雄蕊高于柱头，花粉量充足，种子黑褐色。芥酸含量 0％，硫苷含量 32.42 微摩尔/克，含油率 43.01％。中抗菌核病。

十五、湘杂油 787［GPD 油菜（2018）430289］

甘蓝型半冬性中熟核不育杂交种。全生育期 210.8 天。株高 171.6 厘米，分枝位 85.9 厘米，有效分枝数 6.1 个，单株有效角果数 219.3 个，每角粒数 21.2 粒，千粒重 3.8 克，不育株率 1.19％。硫苷含量 20.19 微摩尔/克，含油量 47.64％。低感菌核病，抗病毒病，抗倒性较强，抗寒性好，易裂荚。第 1 生长周期亩产 202.44 千克，第 2 生长周期亩产 182.66 千克，产量在长江中游区试排名第一。

十六、湘杂油 631〔GPD 油菜（2018）430083〕

甘蓝型半冬性核不育黄籽杂交组合，全生育期 220 天左右。子叶较大，幼苗半直立，叶片较大，叶色深绿，繁茂性中等，叶较圆，叶缘缺刻，裂叶少，叶柄长度较短，茎秆坚硬，抗倒性强。株高 188.6 厘米，一次有效分枝数 8.8 个，单株有效角果数 349.7 个，每角粒数 24.2 粒，千粒重 4.02 克，黄籽率 90% 以上。芥酸含量 0.16%，硫苷含量 82.76 微摩尔/克，含油率 45.26%。低抗菌核病，抗病毒病，抗寒性强，抗倒性强，抗裂荚性为易裂。第 1 生长周期亩产 143.54 千克，比对照湘油 13 增产 8.66%；第 2 生长周期亩产 185.58 千克，比对照湘油 13 增产 19.01%。

十七、湘杂油 763〔GPD 油菜（2017）430141〕

甘蓝型半冬性核不育杂交种，全生育期 220 天左右。幼苗直立，叶片大，裂叶少，叶色淡绿，繁茂性好，叶柄中等，茎秆坚硬。株高 180 厘米左右，一次有效分枝数 8 个左右，单株有效角果数 300 个左右，主花序有效角果数 80 个左右，角果较长大，每角粒数 22 粒左右，千粒重 3.8 克。芥酸含量 0.1%，硫苷含量 18.15 微摩尔/克，含油率 45.71%。中抗菌核病、病毒病，抗寒性强，抗裂荚性强，抗倒性强。第 1 生长周期亩产 163.14 千克，比对照湘杂油 2 号增产 4.53%；第 2 生长周期亩产 162.6 千克，比对照中油杂 2 号减产 3%。

十八、赣油杂 8 号〔GPD 油菜（2017）360100〕

半冬性甘蓝型杂交种。苗期植株生长习性半直立，叶片颜色中等绿色，裂叶，叶缘无锯齿，花瓣深黄色，花色艳。全生育期 206.1 天，株高 176.5 厘米，分枝高度 84.4 厘米，有效分枝数 6.8 个，单株有效角果数 233.3 个，每角粒数 20.9 粒，千粒重 3.70 克。芥酸含量 0%，硫苷含量 21.15 微摩尔/克，含油率 43.50%。抗倒性较好，菌核病病株率 8.50%，病指 5.0，菌核病抗性略优于对照。该品种花瓣较大，花色鲜艳，菜薹美味可口，是可兼作观花、菜用、饲用的油菜品种。

十九、赣油杂 708 ［GPD 油菜（2020）360267］

属甘蓝型半冬性中熟双低杂交油菜品种。全生育期 196.5 天，比对照中油杂 12 晚 0.3 天。株高 178.9 厘米，分枝数 6.60 个，单株有效角果数 192.3 个，每角粒数 20.9 粒，千粒重 4.26 克，单株生产力 10.75 克。叶片深绿色，越冬生长习性半直立，角果长度中等，种子黑褐色。芥酸含量 0.553%，硫苷含量 23.82 微摩尔/克，含油率 44.55%。低感菌核病，中抗病毒病。苗期抗寒较强；抗倒性较强；耐旱性较强；耐渍性较强。第 1 生长周期亩产 153.88 千克，比对照中油杂 12 增产 12.34%；第 2 生长周期亩产 147.79 千克，比对照中油杂 12 增产 11.62%。

第二节　山地油菜产量与品质形成

油菜产量由每亩株数、每株角果数、每角粒数和千粒重构成。根据生产实践结果，在山地每亩种植 1 000 株左右病虫害轻，抗倒性强，单株角果数多（由 300～500 个提高到 4 000～5 000个），每角粒数多（由 20 粒左右提高到 28～35 粒），千粒重高（由 3.5 克左右提高到 6 克左右），单株产量高（由 15 克左右提高到 0.6～1.0 千克），山地油菜栽培模式极大地增加每株角果数、每角粒数和千粒重，减轻病虫害，能够达到超高产高效的目的。

油菜的品质指标有芥酸含量、硫苷含量和含油量。低芥酸、低硫苷（40微摩尔/升）特性受品种基因控制，种子含油量由品种基因和栽培技术决定，山地油菜栽培模式种子含油量可以由38％左右提高到42％～50％。选择丰产性好、品质双低、含油量高的品种，采用山地油菜栽培模式种植，可实现油菜高产高效的目的。目前，育种上对改良油菜的品质育种主要包括提高含油量、改良菜油脂肪酸组成、降低有害成分（如硫苷等），以及培育高油酸品种等。

一、油菜产量和品质影响因素研究

1. 氮、磷、钾等主要肥料因子影响

（1）对油菜产量影响。研究表明，氮肥可以增加籽粒产量，每千克氮可以增产籽粒3.8千克，氮、磷、钾或氮、磷配施时增产更多（朱洪勋等，1995），氮肥增加籽粒产量主要是增加主花序角果数和籽粒千粒重（Asare et al.，1995）。磷主要与其他肥料配合施用，在一定的氮、钾水平下，磷、硼肥配施可以增产2倍以上（郑路等，1990）。施用一定量的钾有利于提高油菜有效分枝数、有效角果数和每角粒数，对千粒重也有一定的提高作用（鲁剑巍等，2001），在一定范围内随施钾量的增加而产量增加，施钾可增产0.2％～12.4％。

（2）对油菜品质影响。施氮肥可显著增加籽粒硫苷的含量，同时也增加蛋白质的含量，但是含油量降低（Asare et al.，1995）。氮肥对脂肪酸的组成也有一定的影响，氮使高芥酸品种芥酸含量增加，亚油酸和亚麻酸含量稍有增加，而二十碳烯酸和含油量下降，说明充足的氮肥能促进脂肪酸碳链的延长，并有减饱和的作用；低芥酸品种随施氮量增加油酸含量逐渐减少，亚油酸含量则相应增加，亚麻酸和棕榈酸含量也逐渐提高，芥酸降低

（黄秀芳等，2003）。施用磷肥提高油菜籽粒的油脂含量，但降低蛋白质含量，此外，施磷肥后油酸、亚油酸含量略有增加，在缺磷情况下增施磷肥有利于降低芥酸含量（李志玉等，2003）。

2. 硼素对油菜产量和品质的影响

（1）对油菜产量的影响。硼对油菜生殖器官的形成和发育以及对促进碳水化合物运输和代谢都有重要的作用。有试验表明，施硼量为0～0.7毫克/千克范围内，油菜的有效分枝数、每株角果数、每角粒数和籽粒产量随着施硼量的增加而显著提高。但过量硼素可降低花粉的萌发量和萌发率，使花粉管伸长缓慢，花粉活力和花药呼吸强度降低，进而使油菜花蕾发育不正常，最终导致油菜结籽率和产量下降（张秀省等，1994）。

（2）对油菜品质的影响。硼可以促进植株体内碳水化合物的合成和运输。薛建明等（1995）研究结果表明，油菜常规品种和优质品种对硼肥具有相似的反应趋势，均为硼肥增加籽粒含油量、油酸和亚油酸含量，并有减少芥酸和硫苷的趋势，说明硼有助于稳定和发挥品质的遗传特性。硼肥可以提高油菜油酸和亚油酸含量，降低油菜芥酸含量。

二、油菜产量和品质形成的动态变化过程

1. 油菜结实过程中干物质动态变化　油菜籽粒灌浆物质来自叶片、茎枝和角果的光合产物和茎枝的储藏物质，其中角果提供的光合产物占2/3。由于角果体积和表面积迅速增加，油菜开花后10～25天角果鲜重增加最快，第20天果壳鲜重最重，以后逐渐降低。种子干重随种子发育而增加，开花后20天直至成熟前是种子千粒重增重最快的时期，花后40天种子完全成熟时千粒重达到最大值。

2. 油菜结实过程中品质的动态变化　油菜籽粒的蛋白质含量随发育进程呈现上升的趋势，在花后15天可达8%～16%，

花后 21 天后可达 $18\%\sim22\%$，30 天以后达到最高值 25% 左右，以后几乎维持这一水平至成熟。油菜种子的含油量随着种子发育时间的增加而增加，油菜开花后 20 天至成熟前是种子油分累积最快的时期，花后 40 天种子完全成熟时含油量达到最大值。开花后 15～30 天内种子发育缓慢，油分积累较慢，脂肪积累约占种子干重的 15%，开花 30 天后，油分积累较快，种子含油量迅速上升。开花后 40 天粗脂肪含量可达到 46% 左右。油菜中饱和脂肪酸含量表现为由多到少的降低过程，二十碳烯酸和芥酸等长链脂肪酸出现较迟，前期含量较少、后期含量快速上升，油酸含量则在二十碳烯酸、芥酸迅速增加的同时急剧下降。

硫苷的数量和浓度是在籽粒生长期与种子大小呈线性相关（Asare et al.，1995）。角果皮和籽粒的硫苷含量的动态变化有所不同，高硫苷品种中籽粒硫苷含量是迅速上升的，同时角果皮硫苷含量直线下降；低硫苷品种中籽粒和角果皮中硫苷含量变化是一致的，均为上升（赵坚义等，1990）。

三、油菜籽粒在成熟过程中的生理生化反应

1. 脂肪酸合成的生化途径　脂肪酸的合成主要是发生在质体的基质中，以乙酰 CoA 为底物，经过一系列的反应，生成不同链长的脂肪酸，通过与酰基载体蛋白（ACP）组装脂肪酸并引入第一个双键，在特异性硫激酶（TE）的作用下，脂肪酸从 ACP 复合物释放，再经过 CoA 酯化，穿过质体膜进入细胞质，再经去饱和酶（DES）和延长酶的作用形成不饱和脂肪酸和长链脂肪酸，最后在内质网上经 Kennedy 途径合成甘油三酯。

2. 籽粒蛋白质的合成　油菜种子的蛋白质含量和含油量呈负相关，这是因为蛋白质的合成先于脂肪的合成，在蛋白质形成时，消耗了较多的光合产物，从而影响脂肪的合成。谷氨酰胺合

成酶（GS）是氨基酸合成途径中重要的酶，对蛋白质的合成有很大的影响。一般来讲，谷氨酰胺合成酶的活性高，其籽粒的蛋白质含量也较高，但含油量就较低。

3. 籽粒硫苷的合成 硫苷主要分为三大类：脂肪族硫苷、芳香族硫苷和吲哚族硫苷，分别以蛋氨酸、苯丙氨酸和色氨酸3类氨基酸为底物进行合成。蛋氨酸生成硫苷首先需要碳链的延长，由氨基酸转化成相应醛肟是硫苷生物合成中的重要一步，这一步是由细胞色素 P450 中 CYP79 酶家族催化完成的，醛肟再在细胞色素 P450 中另一酶系——CYP83 酶系的催化下氧化，生成硝基化合物或氢氧化物，然后和硫醇等硫供应者结合形成含硫烷基肟。随后在 C-S 裂解酶、S-G 转移酶、S-转移酶等一系列酶的作用下生成硫苷。

第三节　山地油菜播种与田间管理

山地油菜高产高效栽培技术重点是选用耐瘠薄、耐粗放管理的稳产油菜品种，采用免耕机播、精量播种、化学除草、一次性定苗，简化田间管理环节，降低劳动力投入，重施底肥和种肥、早施提苗肥培育壮苗，及早防治蚜虫提高防治效果等。具体而言，山地油菜的田间管理措施主要包括选地、整地、播种或育苗、田间管理和适时收获等环节，具体过程如下。

一、选地

山地油菜种植宜选择阳光充足，土壤肥沃、土层深厚，田间无渍水或排水良好的土地，海拔以 1 300 米以下为宜。

二、整地

前茬作物收获后，去除田间杂草及时进行深耕，要求达到

20 厘米以上。耕整后开厢沟，厢宽 2.0 米（或者 1.0 米间距起垄），厢与厢之间沟宽 20 厘米，田地四周起排水沟，沟宽 20 厘米，沟深为 20 厘米。做到沟沟相通，排灌方便。厢面要求表土疏松细碎，水气协调，田面平整。结合耕整施足基肥，用 45% 的复合肥 50 千克/亩＋生物有机肥 100 千克/亩＋中油种乐硼肥 2~3 包/亩混合均匀施入土中。生产中可根据土壤肥力适当增加复合肥的用量，最高可施 75 千克/亩。

三、播种或育苗

适时早播，培育矮壮苗。种植方式分为大田直播和育苗移栽 2 种。

1. 无茬口季节矛盾的地区可直播　种子用高巧拌种剂拌种，高巧拌种剂 10 毫升拌油菜种子 5 千克。按行距 1 米起垄，株距 0.8~1.0 米点播，播种期在 8 月 25 日前后，每穴播 5~8 粒种子，出苗后用高效氯氟氰菊酯、氯虫苯甲酰胺防治跳甲、菜青虫和蝗虫保全苗。2 叶期间苗，每穴留 4 苗；4~5 叶期定苗，每穴留 1 苗。

2. 有茬口季节矛盾的地区应选择育苗移栽　分为大田育苗和营养器育苗 2 种方式。

（1）大田育苗。育苗时苗床选择肥沃、平整、疏松、向阳、排灌方便及 2 年内未种植油菜的地块。苗床 34 米长，1.4 米宽（约 50 米² 育苗 1 100 株，满足 1 亩大田用苗量）；精细整地，结合整地，施有机肥为主；苗床亩用种 400 克，按 0.2 米株行距穴播，每穴播 5~8 粒种子。播种时高温干旱用稻草、玉米秆覆盖保湿促出苗，子叶出土时撤去覆盖物。子叶期开始间苗，每穴留 4 苗；2 叶期再间苗，每穴留 2 苗；4 叶期定苗，每穴留 1 苗。2 叶期追粪水肥 1 次，3 叶期均匀喷多效唑（15 克药兑 15 千克水）1 次，4 叶期追尿素 5 千克/亩；移栽前 1~2 天用淡水粪浇透后挖取菜苗移栽。育苗前后加强虫害防治。播种时用杀虫双拌玉米粉撒施到苗床上及四周防治蟋蟀，出苗后立即喷施高效氯氟氰菊酯、氯虫苯甲酰胺防治跳甲、菜青虫和蝗虫保全苗。结合间苗拔除杂草，精细管理，培育出矮壮苗。9 月中下旬或 10 月上旬在前茬作物收获后及时移栽到整地施肥或开厢后的大田里。

（2）营养器育苗。在平坦空地用 2 米宽的厚塑料围成一个 $50\sim70$ 米^2 的浅池，池内摆放营养器，营养器上口径 13 厘米，高 16 厘米；营养器按 0.2 米的间距均匀摆放；选择 2 年内未种油菜的肥沃细土壤装入营养器内，营养土要湿润，每钵播 $5\sim8$ 粒种子。播种时高温干旱用稻草、玉米秆覆盖保湿促出苗，子叶出土时撒去覆盖物。池子上面大雨时用小拱棚防小苗倒伏和池内积水过多。子叶期开始间苗，每钵留 4 苗；2 叶期再间苗，每钵留 2 苗；4 叶期定苗，每钵留 1 苗。2 叶期追粪水肥 1 次，施于池内，3 叶期均匀喷多效唑（15 克兑 15 千克水）1 次，4 叶期复合肥 $1\sim2$ 千克或淡水粪于水池内；根据油菜苗长势适时追复合肥或淡水粪于水池内，少量勤施；营养器干旱时或施肥时池内放 3 厘米左右深的水，让其自然吸至营养器里。移栽前放干池内多余部分水，便于移栽。以后管理同大田育苗。移栽密度行距 1 米，株距 $0.8\sim1.0$ 米。

四、田间管理

1. 查苗、补缺、间苗和定苗 出苗后 3 叶期检查苗情，对严重缺苗断垄的应及时带土移栽，栽后浇水，保证成活，并间苗 $1\sim2$ 次，5 叶定苗，留苗密度 22.5 万～37.5 万株/公顷，点穴播油菜每穴 3 株。

2. 中耕、清沟 机条播和免耕移栽油菜于苗期中耕 2 次，冬至前后结合中耕进行培土封根，防止倒伏。开春后及时清理厢沟、腰沟、围沟，确保旱能灌、涝能排。

3. 追肥

（1）酌情追施苗肥。油菜定苗后，对弱小苗、长势差的幼苗追施提苗肥，每公顷施用人粪尿 6 000～7 500 千克。

（2）重施腊肥。越冬期间（12 月下旬至翌年 1 月上旬）每公顷追施尿素 75～90 千克、氯化钾 75 千克，结合中耕除草培土完成。施用油菜专用缓释肥的田块，不用追施腊肥。

（3）稳施薹肥。油菜现蕾至薹高 3～5 厘米（1 月下旬至 2 月上旬）每公顷追施尿素 75～105 千克，蕾期脱肥田块每公顷再追施尿素 75 千克。此阶段所需养分多，种类要齐全，此时追肥特别重要，以氮、磷、钾肥为主，微量元素肥为辅，结合使用硼肥。采用固体肥料撒施和飞防相结合的方式。施用油菜专用缓释肥的田块，不用追施薹肥。

（4）巧施角果肥。使用一般复混肥的田块，根据苗情施入适量的角果肥。油菜的角果肥一般以磷、钾肥和一些酶类组成的生物菌肥为主。施用量：每公顷施磷酸二氢钾（KH_2PO_4 含量≥98%） 1 200 克；硼肥 7.5～22.5 千克/公顷，如果前期已施，后期可少施，缺硼田块可多施。施用油菜专用缓释肥的田块，不用追施角果肥。

（5）叶面追肥。没有施硼肥的田块，如玉米或甘薯地块，播油菜于现蕾和开花前各喷 1 次 0.2% 硼砂溶液 750～1 050 千克/公顷，可与磷酸二氢钾或尿素混合液施用。选择晴天 16：00 后进行，均匀喷雾在油菜叶面上，喷施后 36 小时内遇下雨需重喷 1 次。

4. 化学除草

提倡播后芽前或移栽前进行封闭除草，实施化学除草，每公顷用 50% 乙草胺乳油 1 500～3 000 毫升兑水 600～750 千克，厢面均匀喷雾。苗后化学除草：防除效果不好的单、双子叶杂草混生的油菜田，在杂草 5 叶期前后，每公顷用 17.5% 草除·精喹禾（油草双克）乳油 1 350～1 500 毫升、25%

二氯吡啶酸·烯草酮可湿性粉剂 300～450 克兑水 600～750 千克或用 10.8%高效盖草能乳油 300～450 毫升（有效成分 2.2～3.2克），加水 225～450 千克均匀喷雾防治杂草。注意施药时间，最好是晴天等露水干了喷施，一般在 10：00—16：00 较好。喷施化学除草剂要确保不重喷、不漏喷。喷施后 24 小时内下雨需重喷 1 次，药量减半。

5. 化学调控 于 3～5 叶期、初花期利用无人机喷施木醋液植物生长调节剂，木醋液具有较强的杀菌、抗菌、驱虫功能。

（1）控苗。油菜育苗 3 片叶时用 15%多效唑粉剂 50 克或 20%烯效唑 40 克兑水 50 千克喷雾可培育矮壮苗。如果苗床油菜苗长到 6 片叶还不能移栽可再喷 1 次。

（2）控角果。在角果发育期通过叶面喷施磷酸二氢钾（每公顷 3 千克兑水 225 千克）控制角果数。

6. 合理灌溉 遇干旱时及时进行沟灌润墒，遇涝时及时排渍。

7. 病虫害防治

（1）虫害。主要虫害有菜青虫、蚜虫（即萝卜蚜、桃蚜、甘蓝蚜）、跳甲、猿叶甲。虫害应抓住 3 个时期施药：第一个是苗期（3 叶期）；第二个是大田现蕾初期；第三个时期，油菜抽薹高度达 10 厘米左右。每公顷用 10%吡虫啉可湿性粉剂 300 克或 37%联苯·噻虫胺悬浮剂 300 克防治蚜虫。

（2）病害。主要病害有菌核病、霜霉病、白锈病。菌核病发病盛期一般出现 2 次，一次在 11 月下旬至 12 月上旬，另一次在翌年的 3—4 月（此期正值油菜易感病的花期，也是油菜受害的主要时期），如果在此时又遇多雨、潮湿、温暖的天气，油菜菌核病就会严重发生。可用 25%咪鲜胺乳油 750 毫升/公顷进行均匀喷雾，每 10 天进行 1 次，菌核病发生严重地区可连续施药 3次。在油菜主茎开花 95%时开展"一促四防"，即通过叶面喷施杀菌剂、杀虫剂、硼肥、植物生长调节剂（磷酸二氢钾）等混合液，达到促进油菜生长，防病虫、防花而不实，防早衰、防高温逼熟，增加角果数和千粒重的效果，每公顷用磷酸二氢钾（$KH_2PO_4 \geqslant 98\%$）2 400 克或 0.004％芸薹素内脂水剂 300 克、1 500～2 500 倍海藻精 240 克、25％咪鲜胺乳油 750 毫升、19％烯酰·吡唑酯水分散粒剂 1 500 克、持乐硼（$\geqslant 12\%$）3 000 克，每 7～10 天防治 1 次，防治 2～3 次。

（3）防治原则。预防为主，优先采用农业防治、物理防治、生物防治，必要时合理使用化学防治。

（4）农业防治。选用抗病丰产品种，具有茎秆坚硬、抗倒伏、花期短的抗性特点，培育壮苗，增施无害化处理的有机肥，合理使用化肥，加强中耕除草，清洁田园。合理轮作换茬，减少菌源积累，水旱轮作，旱地油菜的轮作年限应在 2 年以上，且应大面积实施。三沟配套，排涝降渍，终花前摘除老叶和病叶，改善田间小气候，减轻病原侵染。

五、适时收获

1. 采薹 油菜苗高 40～50 厘米时（开花前）采薹 16 厘米左右。菜、籽两用只能采薹一次，菜、肥两用可多次采薹。

2. 收获时期 终花 25～30 天，全株 2/3 角果呈现黄绿色，主花序角果转枇杷色、种皮黑褐色；或者全田 90％以上角果外观全部变黄色或褐色，分枝上尚有 1/3 的黄绿色角果，并富有光泽，少数分枝上部尚有部分绿色角果（半青半黄）；大多数角果内种皮已由淡绿色转为白色，颗粒肥大饱满；主茎和分枝叶片几乎全部干枯脱落，茎秆也为黄色；主轴中部籽粒色泽褐色半褐色各 50％，完成度基本一致，为最佳收获时期。利用早晚有露水时收获，防止裂角损失。

第三章　山地油菜栽培模式

两熟制包括水稻-油菜（如中稻-油菜和一季晚稻-油菜）两熟制和旱季作物（如棉花、玉米、高粱、烟草等）-油菜两熟制，油菜可移栽或直播于前作物的行间，但要在前作物宽行内种植，以保证油菜苗的正常生长。三熟制包括早稻-晚稻-油菜、早稻-秋大豆-油菜及早稻-秋季绿肥-油菜等一年三熟种植模式，该模式季节矛盾突出，油菜只能育苗移栽。此外，三季作物的品种选择十分重要，早稻、晚稻、油菜都选用中熟品种较为合适，可保证三季作物都获得高产。免耕栽培是指不用犁耙整地、直接在茬地上播种、作物生长期也不使用农机具进行土壤管理的耕作方法。这种方法把农民从传统犁田耕田的繁重体力劳动中解放出来，是劳作方式的重大变革。油菜稀植高产栽培技术是以降低油菜种植密度，促进油菜个体发育为核心的一项栽培新技术，一般亩增产20%～30%，适宜山地油菜大面积应用。山地油菜三超四省技术，是指超早播、超稀植、超高产，省种、省工、省药、省肥，该技术是山地油菜发展的一种新模式，可有效提高油菜产量，增加农民收益。现将上述主要模式分别进行介绍。

第一节　不同熟制山地油菜高产模式

一、水稻-油菜两熟高产模式

因地制宜发展水稻油菜轮作是种植者提高对耕地的利用率和产出率的重要方法，也是增收的重要途径，同时油菜植株和稻草还田可增加土壤有机质，培肥地力，减少化肥用量。由于实行了水旱轮作，可减少水稻、油菜病虫害发生，增强水稻、油菜抗性，减少农药施用量，有利于提高水稻、油菜的产量和品质。

1. 稻田的选择 稻田的选择是实现水稻、油菜丰产的基础，不是所有稻田均可用于水稻油菜轮作种植，一定要因地制宜地科学决策，否则难以达到发展生产的目标。适宜水稻、油菜轮作的稻田一般地下水位低、排水性好、带沙且黏性不是很强。

2. 水稻栽培

（1）田块整理。栽培水稻前用农机具将油菜收后的稻田耕翻整平待栽秧或直播水稻。为了提高劳动生产率，降低劳动力投入成本，尽可能地实行机械化作业。结合田块和机械化设备条件选择合适的机械设备，大块田选用东方红、沃得、久保田等大型拖拉机耕地，小块田可选用微耕机旋耕整平即可。由于前茬油菜栽培时田块已完全排水开裂，油菜收获或压青后必须整田灌水，一般将田边深挖或深耕 25 厘米左右以防田漏水，这是水稻丰产的关键之一。

（2）水稻生育期与播种期安排。选择水稻适宜的播种期是稻油轮作的决定性技术之一，如果播种期不合适，其产量和品质均会受到严重影响，为此应根据水稻全生育期与油菜收割期确定水稻播种期。如果油菜收割期在 4 月底，中稻全生育期 150 天左右的品种，播种时间应安排在 3 月 5—10 日。如果油菜收割期在 5 月上旬，中稻全生育期 150 天左右的品种，播种时间应安排在 3 月 10—15 日。如果将油菜作为绿肥压青，中稻播种期按正常年份播种，即在 3 月 1—8 日播种。如果一季晚稻直播，直播时间安排在 5 月 25 日至 6 月 2 日为宜。经 2018 年 5 月下旬至 10 月上旬 100 亩一季晚稻直播示范，在 5 月 26 日直播的结实率为 70.41%，亩产量 475.5 千克；于 5 月 30 日直播的结实率为

78.54%，亩产量 490.8 千克；于 6 月 5 日直播的结实率差的只有 39.1%，亩产量 336.33 千克。这主要是在水稻抽穗扬花期遭遇了严重的缺水和 8 月 23 日至 9 月 5 日连续 35℃及以上高温影响所致。育苗移栽正季晚稻全生育期 120 天左右品种的播种期安排在 6 月 1—5 日。

（3）育秧方式与播种密度。为了延长秧龄弹性，提高中稻产量，宜采取地膜湿润育秧，亩用种 0.75 千克。直播一季晚稻按 0.75～1.00 千克/亩播种，播种时为了提高播种均匀度，可将种子加入 5～10 千克颗粒复混肥中拌匀后进行人工或机动喷雾器播种，先播种 70%，然后再播种 30%，尽量做到播种均匀，减少匀苗、补苗用工，发挥种子的增产潜力。此类种植方式一般不进行秧盘育秧，如果油菜遇不良天气影响推迟收割，就会导致秧龄期延长，降低秧苗品质，严重的秧苗会失去利用价值。如果将油菜作为绿肥压青，中稻能正常进行机械化栽秧的可进行秧盘育秧，亩用秧盘 17～20 块，平均每块播干稻种 60～80 克。

（4）移栽和留苗密度。水稻基本苗是丰产的基础。杂交中稻适时早栽，合理移栽密度为 27 厘米×20 厘米，1.2 万～1.3 万穴/亩，所栽品种完全能实现审定产量。直播田的留苗密度比 27 厘米×20 厘米株行距略大一点，但不能过大，否则会减产。

（5）配方施肥。移栽中稻中等肥力田，亩基施 45%混肥（N：P_2O_5：K_2O＝15：15：15）25 千克＋硫酸锌 1 千克（缺锌田），栽秧后 7 天亩追施尿素 12 千克，以后看苗施肥。直播一季晚稻中等肥力田，亩基施 45%混肥（N：P_2O_5：K_2O＝15：15：15）25 千克＋硫酸锌 1 千克（缺锌田）。待秧苗长到 3 叶期时再亩追施尿素 10～12 千克，以后看苗施肥。

（6）田间水源管理。移栽中稻田在栽秧时根据秧苗高度灌足返青水，待移栽 7 天成活后改为浅水促分蘖，在孕穗到扬花期灌足田水提高扬花结实率。水稻扬花结束后 10 天左右把田水放干，为下季种油菜提供条件。直播二季晚稻田在播种后厢面保持湿润，当大多数秧苗达到 2 叶时灌浅水，以后随着秧苗叶龄增加适当提高水位，促进多分蘖，形成高产群体。在孕穗到扬花期灌足田水提高扬花结实率。待扬花结束后 10 天左右把田水放干，为下季种油菜提供条件。

（7）防治病虫草害。移栽稻、直播稻应根据当地植保部门测报防治好螟虫、稻水象甲、稻飞虱、蚜虫、赤枯病、稻瘟病等病虫害。直播田如遇食谷类鸟、鼠危害可在针叶期灌浅水。在秧苗 2～3 叶期将厢面灌为浅水或保持湿润，用 30％苄·二氯可湿性粉剂 40～50 克兑水 45 千克均匀喷雾可防除秧田稗草、空心莲子草等杂草，喷药时不要重喷和漏喷，施药后保持浅水层。直播田从播种到分蘖盛期不放鸭子，防止鸭子踩、拖损坏秧苗，造成损失。

（8）收割期安排。全生育期 150 天的中稻育秧品种，安排在 3 月 1—20 日播种的，收割期在 8 月中下旬；一季晚稻直播和正季晚稻收割期在 9 月 25 日至 10 月 5 日。

3. 油菜栽培

（1）油菜栽培田整理。水稻扬花结束后的 10 天左右排放稻田水，让其自然降低水分含量。在水稻机收后立即用机械设备进行耕翻，并处理好稻桩，便于后续工作。稻田机耕后排水性好的田块按宽 3～5 米开厢，黏性强排水性差的田块按宽 1.5～2 米开厢。厢面中间略高、两边低呈瓦背状，厢面大平小不平，不清光，保持粗糙面。开厢时必须做到边沟、背沟、厢沟、横沟相通，每条沟必须能排水。主沟深 30 厘米，厢沟深 20～25 厘米，沟宽 20～30 厘米。2017—2018 年连续 2 年的试验示范表明，具有一定黏性的田块开厢宽度在 3 米以上的直播油菜田块因表面积水，导致直播油菜烂种、烂芽、死苗十分严重，按 6 米及以上宽度开厢的缺苗率面积一般在 30％～40％，严重的厢块缺苗面积在 70%以上。缺苗面积越大补栽难度越大，种植成本随之增加。

（2）播种。直播油菜在 9 月 20 日至 10 月 5 日播种，育苗移栽的在 9 月 25—30 日播种。油菜品种以中、早熟为宜。直播油菜田块亩播种 0.25～0.40 千克，播种前先将种子加 5～10 千克尿素拌匀，然后用机动喷雾器直播或人工撒播。育苗移栽的按 0.25 千克/亩播种，苗床 20 米×1.5 米。播种时先撒播 70%，然后再播 30%，做到稀播、播匀，培育壮苗。苗床人工或机械耕细后按 1.5 米开厢，沟宽 25～30 厘米，沟深 15～20 厘米；播种前先用中浓度粪水或水均匀泼 1 次，然后将种子均匀撒在厢面，如果土壤墒情好，降雨量充分，厢面可以不覆盖任何物质。如果土壤墒情差，播种前必须灌足水分，播后再覆盖 1 层草木灰或泼 1 次中浓度粪水，3 天内必须保持充足水分，确因天干水分不足，可在下午泼 1～2 次水促其萌芽。

（3）施肥。直播中等肥力田在直播前 2 天亩撒施 45%混肥（N：P_2O_5：K_2O=15：15：15）20～25 千克为基肥，播种时亩用尿素 5～10 千克拌种后施入为面肥，以后根据苗情施肥。特别是那些田泥水分含量高的地方，在油菜苗 4～5 叶匀密补稀后的 5～7 天要追施 1 次肥料，否则会因营养不良阻碍生长。

（4）病虫草防治。油菜苗易受菜青虫、蚱蜢、蟋蟀等害虫危害，可用 2.5%溴氰菊酯 2 毫升＋90%杀虫单 18 克兑水 15 千克均匀喷雾防治。如果蚜虫达到了防治指标，可用 70%吡虫啉 2 克兑水 15 千克均匀喷雾防治。在油菜抽薹期，用 50%多菌灵 80～100 克兑水 30～50 千克均匀喷雾防治菌核病等病害。直播油菜田杂草丛生，如果不适时喷施除草剂或人工铲除杂草将会严重阻碍其正常生长，导致减产。可在油菜 4～5 叶期用除草剂进行叶面喷施灭除单子叶、双子叶杂草。

（5）收割。收获时，油菜割枝可移到不栽水稻的地方，待油菜角干后再进行脱粒，以抢时间移栽水稻，这样油菜籽损失也少。如果水稻栽秧时间充足，可等油菜角干后机收，但这种方法会推迟水稻移栽期 7～10 天，油菜籽损失要大于人工收枝后机械脱粒。

二、大豆-油菜两熟高产模式

1. 大豆生产技术要点

（1）选择适宜大豆品种。结合当地初夏雨水偏多，伏秋旱严重的气候特点选择分枝多、植株繁茂、中小粒、无限结荚习性品种。

（2）提高播种质量。精选种子。进行种子处理，播种前精选优质种子，去掉破碎霉变和虫食粒。抢墒播种，合理密植。夏大豆播种时间一般选择在 6 月中旬至 7 月上旬。由于前茬作物收获后气温高，跑墒快，为保护大豆出苗所需的水分，一般不整地，可贴茬开沟。行株距配置以宽行密株为主，一般行距 50 厘米，株距 17 厘米，单株留苗每亩密度 1 万株左右。少数早熟矮秆品种，晚播时密度加大到 1.2 万株左右。肥地宜稀，薄地宜密。开沟点播或穴播。

（3）合理施肥，后期防旱。亩施种肥钙镁磷 25 千克，视苗情、苗期追施尿素 5 千克，开花期追施钾肥 10 千克，追施后随即进行中耕培土。大豆初花至鼓粒期若天气干旱，要适时灌水，防止受旱影响产量。

（4）病虫草害防治。

①及时防病。夏大豆苗期极易发生立枯病、根腐病和白绢病。播种前每 100 千克种子可选用 50%多菌灵 500 克或 50%福美双 400 克，兑水 2 千克拌种，晾干后播种，亦可在幼苗真叶期，每亩选用 50%托布津或 65%代森锌 100 克，兑水 50 千克进行茎叶喷雾处理，大豆盛花期再用托布津防治 1 次，可有效控制霜霉病和炭疽病的发生。

②科学用药治虫。危害夏大豆的虫害较多，主要有蚜虫、红蜘蛛、大豆卷叶螟、棉铃虫、甜菜夜蛾和斜纹夜蛾等害虫。这些害虫在田间混合发生，世代重叠，抗药性强，危害猖獗，防治害虫一定要以虫情预报为准。从7月底至8月初，注意观察田间是否有低龄幼虫啃食的网状和锯齿状叶片出现，一旦发现及时用药防治，每7天1次，连续3次，每次用药时，提倡不同类型杀虫剂混配或交替使用，以免害虫产生抗药性。

③化学除草。播种后苗前亩用50%的乙草胺250毫升兑水50千克全面喷施，使泥土表面形成保护层，以封住杂草种子发芽长出地面。

④收获。9月下旬开始，叶片基本脱落，豆粒归圆时用联合收割机收货脱粒，秸秆粉碎还田。

2. 油菜生产技术要点

（1）品种选择。高产、高油、抗倒伏、耐密、耐裂荚中、早熟油菜品种。

（2）播种。于10月上中旬播种，亩用种量0.6千克左右。采用机械直播，即用油菜精量播种机一次性完成旋耕、灭茬、播种、施肥、开沟、覆土、封闭除草。机械直播具有播种、施肥均匀，节约人工成本，效率高优点，但机身负荷重，机手操作难度大，有漏播缺播现象。

（3）施肥。基肥：亩施油菜专用肥（15-15-15）或缓释肥50千克，硼肥（10%含量以上）0.5千克；苗肥：4～5叶期亩施尿素5千克。腊肥、薹肥：亩施尿素5～6千克、氯化钾6千克，于春节前施用。

（4）病虫草害害防治。苗期用粘虫板或性诱剂诱杀蚜虫、菜青虫，初花期和盛花期用植保无人机防治菌核病。

（5）收获。5月10日前后油菜80%植株变黄进行收获。

3. 注意事项 同一田块连续种植大豆2年以上会造成土壤

养分消耗不均衡，营养缺失，一些病虫害加重，土壤退化，大豆产量品质下降，必须休耕或轮作。油菜精量播种机直播油菜造成漏播缺播现象，出苗后对田间进行排查，及时补种补肥。油菜苗后除草应在 5 叶期进行，并正确选择除草剂，过早会伤苗，过迟会影响除草效果。

三、水稻-再生稻-油菜三熟高产模式

1. 品种选择　用通过审定的、熟期合适的优质双低杂交油菜品种。

2. 苗床准备　凡"稻-稻-油"三熟制生产模式，油菜必须采取育苗移栽方式。选用土质肥沃、地势平整、接近水源、2 年以上未种过其他十字花科作物的旱土或稻田作苗床，苗床大小与大田种植面积的适宜比例为 1∶7。先进行翻耙，控制耕深在 10～15 厘米，然后整土开厢，厢宽 1.2～1.5 米、厢沟宽 30～35 厘米、沟深 15～20 厘米，并开好腰沟、围沟，清除残根杂草，细碎土壤，平整厢面。苗床每亩用人畜粪 1.0～1.2 吨、过磷酸钙 20～25 千克、氯化钾 5 千克左右，混合拌匀堆沤 7～10 天，在整地前均匀地施于土表层。

3. 播种　晒种 1～2 天，然后在水中浸 3～4 小时，捞出沥干后拌等量草木灰、细土或炒熟的菜籽，于 9 月中下旬播种，湘中地区可推迟 3～5 天，湘南可推迟 7～10 天。每亩苗床播种量为 0.4～0.5 千克，均匀撒播，施薄层猪粪水，并以盖籽灰盖种。

4. 苗床管理　及时抗旱防渍。齐苗后及时拔去丛生苗，待幼苗长至 3 片真叶时进行定苗，每平方米留苗 120～140 株。定苗后和移栽前 7 天各追施 1 次尿素，每亩施用量分别为 5 千克、3 千克。注意防治蚜虫、菜青虫、菜螟、跳甲等。

5. 移栽　每亩用腐熟农家肥 1.5～2 吨、过磷酸钙 20～25 千克、氯化钾 7～8 千克、硼肥 1 千克施于稻田，深翻入稻田 20

厘米。南北开厢，厢宽 1.5～2.0 米，作厢后开宽 30 厘米、深 25 厘米的厢沟和围沟以及宽、深各 25 厘米的腰沟，要做到沟沟相通。苗龄为 30～35 天，真叶 5～7 片时及时移栽。宜采用宽窄行栽培，稻田宽行 40 厘米、窄行 20 厘米，宽窄行相间种植。也可采用等行种植，行距 30 厘米，株距 15～20 厘米。每亩栽 8 000 株，中等肥力栽 9 000 株，贫瘠地栽 1 万株。10 月中旬左右移栽，移栽油菜 7 天后，及时查苗补苗。

6. 追肥管理

（1）苗肥。分 2 次施用。第 1 次于油菜移栽后 7～10 天时，每亩用尿素 2.5～3.0 千克或碳酸氢铵 10 千克或腐熟人粪尿 400～500 千克稀释浇施。第 2 次在 11 月 15—25 日施用，亩用尿素 4～5 千克或碳酸氢铵 15 千克或人粪尿 600 千克稀释浇施。天旱土干时，适当多对水。

（2）腊肥。于 12 月下旬至翌年 1 月上旬施用。每亩用土杂肥 1.2～1.5 吨，或腐熟猪牛粪草 700～800 千克配合草木灰 100～120 千克。

（3）薹肥。用硼砂 100～150 克兑水 75 千克喷雾。对冬发不足或春后脱肥的油菜，于油菜薹高 5～10 厘米时，每亩施人粪尿 500 千克左右。

7. 菌核病防治　初花时和盛花期及时清除黄叶、老叶、病叶及田边杂草。

第二节　免耕栽培山地油菜高产模式

免耕栽培有免耕直播和免耕移栽 2 种方式，其前作一般为水稻。在长江流域两熟或三熟制稻作区，中稻或晚稻收获后，在秋季连绵阴雨条件下，翻耕整地困难，尤其是冷浸田、土壤黏重、湿害重、季节紧的地区，油菜采用稻茬免耕栽培技术，既具有省工、节本、高产稳产、增产增收的优点，又有效解决了迟播（栽）、湿害等问题，是油菜抗灾夺丰收的重大改革措施。

一、油菜免耕栽培主要技术

1. 清沟排渍 在前茬水稻勾头时及时排水晒田，水稻收割后及时挖好主沟、围沟，做到深沟高厢，以便于油菜早栽和后期田间管理。

2. 化学除草 免耕移栽的油菜必须实行化学除草。在以一年生单、双子叶杂草为主的田块，于移栽前 3～5 天每亩用 20% 克无踪 150～200 毫升，或 50% 扑草净 100 克加 12.5% 盖草能 30～50 毫升，兑水 50～60 千克，在土壤表层均匀喷雾；在单子叶杂草为主的田块，油菜移栽后，杂草 2～3 叶期，亩用 12.5% 盖草能 40～50 毫升，兑水 50～60 千克，喷施在行间杂草上，可控制油菜苗期田间杂草，防治效果好。

3. 壮苗早栽 免耕移栽一般于 10 月上旬移栽 5～6 叶龄的矮脚壮苗。低湿泥田直接免耕穴栽，宽窄行栽植，宽行 47 厘米，窄行 33 厘米，穴深 4～5 厘米，穴距随密度而定。移栽时菜苗靠近穴壁，做到苗正根直。压根肥要注意氮、磷、钾、硼化肥与有机肥配合，做法是提前半个月将其与细土或潮沙混合堆沤，每亩约施 1 000 千克，栽后及时浇定根肥。

4. 免耕（套）直播 油菜稻茬直播应力求水稻早腾茬，及早灭茬（深度 3 厘米左右）、播种。稻田套播严格掌握 5～7 天的适宜共生期，争取苗早苗壮。

5. 勤中耕松土 因为免耕板栽（板播）油菜田没有进行耕整，土壤较板结，杂草较多。因此，在苗期必须进行深中耕，以消灭杂草，疏松土层，促进根系生长。中耕一般要进行 2～3 次，11 月进行浅中耕，中耕深度 3～5 厘米，12 月初要进行深中耕，深度 5～10 厘米。总之，搞好中耕松土是免耕板栽（播）油菜的一项必不可少的田间管理措施。

6. 防止早衰 免耕油菜基肥少，追肥又大多施于表土，土层中的养分难以有效化，油菜后期容易出现早衰。因此，要增施越冬肥，早施、重施薹肥，后期看苗补施花肥。

二、不同水稻茬免耕直播油菜栽培

1. 早熟茬口：中耕、早熟晚稻茬直播油菜 在水稻收获前10天左右将田内水排干，达到收获时脚踏基本无印的标准。开沟整厢，抢晴收获后立即开好"三沟"，沟土碎撒于厢面。直播前每亩用克无踪200毫升左右，按每桶水50毫升克无踪的用量均匀喷施田间杂草，24小时后即可施底肥和硼肥。直播，9月中旬至10月5日播种，直播油菜要做到合理密植，每亩密度1.5万～1.8万株，播种时要控制播种量，每亩播量150克，为确保播种均匀，每亩可用350克炒熟商品油菜籽加150克油菜种子混合均匀后，分厢称重播种，无墒或遇干旱，油菜播种前最好灌一次"跑马水"，播后覆盖稻草。油菜长至3叶1心时，田间杂草用常规除草剂除草，以后按常规油菜大田管理操作。

2. 迟熟茬口：迟熟晚茬、晚粳稻茬，进行稻林套种油菜
在水稻收获前10天左右，做"围沟""腰沟"排水搁田，收获前7天左右，田间泥硬湿润时即可套播，于10月20日前播完。出苗后趁雨天或结合灌"跑马水"抗旱追施底肥，底肥施用油菜专用肥和硼肥，免耕直播油菜慎用氨态氮肥作底肥，以免造成烧芽、烧苗。油菜出苗后要清理沟厢，做到能排能灌，雨停田干。防除杂草，杂草是直播油菜主要灾害之一，在杂草出苗后的3～5叶期用5％金邦克乳油或12.5％盖草能乳油50毫升兑水30千克，于早晨或傍晚均匀喷施杂草茎叶表面，可防除多种禾本科杂草。此后进入常规油菜大田管理操作。

第三节　稀植栽培山地油菜高产模式

山地油菜超稀植高产栽培技术是在 2 500～4 500 株/亩的密度下，注重群体服务于个体，充分发挥个体生产力，以健壮的个体组成超高产群体的技术体系。在平圩区、丘陵冲田和低山丘区稻田，均可推广种植，平均单产 183 千克/亩，比传统栽培增长 26.9％。油菜超稀植高产栽培实践表明，要想产菜籽 200～250 千克/亩，必须落实好 6 项技术措施。

一、选用优良品种

选择早熟、耐旱、耐瘠薄、耐粗放、苗期长势强的品种。苗期长势旺盛，实现提前封行，增加地表覆盖，增强抵御干旱能力。

二、培育大壮苗

1. 早做苗床　选择浇水方便，距离大田较近，土质疏松、肥沃的地作苗床。苗床与大田比为 1：（10～15）。精细整地，施足基肥。因菜籽粒型小，整地一定要精细，达到土细不漏籽、地平不积水、草尽不争肥。畦宽 2 米（其中包括一边畦沟宽 0.4 米）。最后一次整地时，苗床施土杂粪肥 1 000 千克/亩，人畜水粪 500 千克/亩，尿素 5 千克/亩，过磷酸钙 25 千克/亩和硼砂 0.5 千克/亩。

2. 早播种　把握播种时间：在 9 月 1—10 日，最迟不能超过 9 月 15 日。做到湿润精量播种，播种量 400 克/亩左右。播前苗床要浇水润透，决不能干床播后大水泼浇，以畦定量，均匀落籽。播后覆盖薄薄一层干湿适中的细土杂灰（手握能成团，落地自然碎）。

3. 早管理 种子入地后，苗床要保持湿润，确保一播全面。第一片真叶展开时，用人畜水粪 500 千克/亩或碳酸氢铵 5 千克/亩兑水泼洒。第 4 片叶定苗后，用人畜水粪 1 000 千克/亩或尿素 10 千克/亩兑水泼透。移栽前 5 天，用碳酸氢铵 5 千克/亩兑水浇透。间密苗、留匀苗，间小苗、留大苗，间杂苗、留纯苗，间病弱苗、留健壮苗。第一次间苗在第 2 片真叶展开期，达到苗间叶不搭叶，过稀的地方，可带土补缺。第二次间苗在第 3 片真叶展开期，苗间行株距为 10 厘米×10 厘米，达 90 株/亩，苗床 $4.8×10^4$ 株/亩。4 叶期定苗，苗间行株距 12 厘米×12 厘米，留 70 株/亩，苗床 $3.7×10^4$ 株/亩。及时化控，4 叶期定苗后，用 15% 多效唑可湿性粉剂 50 克兑水 50 千克/亩喷雾，这是培育矮壮苗的关键性技术，万不可忽略。注意治虫防病，种子下地前或播种后当日，苗床撒 3% 呋喃丹颗粒剂 2 千克/亩，对防治苗前期地下及地上部害虫有特效。子叶展开时，用 70% 代森锰锌可湿性粉剂 5 克兑水 50 千克/亩喷雾，能有效防治苗前期"烂根"。中后期要密切注意蚜虫、菜青虫的发生，及时喷用"对口"农药防治，特别对蚜虫的防治不能掉以轻心，灭蚜能有效控制病毒病的发生。做到"三早"，移栽时的苗就能达到植株矮壮，根系发达，叶厚无病虫，无高脚苗、曲颈苗，无不育株。最大叶片长 20~25 厘米，柄长 8~10 厘米，叶片 10~13 片，其中绿叶 8~10 片。

三、高标准超稀定植

1. "三沟"配套 由于超稀植油菜能充分发挥个体生长优势，畦的宽窄不影响土地的利用率，但水网地区地下水位高，春季雨水常多，"三沟"一定要配套到位。一般畦宽 2 米（其中包括一边畦沟），畦沟深 0.3 米，每 2 畦挖 1 条深 0.3 米的腰沟；每块田要根据性状开挖"十字沟"或"井字沟"，沟深 0.3~0.4

米。周围有养殖田和早稻秧田的还要开挖围沟，沟深 0.5 米，并保持沟沟相通，雨过田干。

2. "四带"起苗 "四带"是指带药、带水、带肥和带土移栽。移栽前 2～3 天，喷"对口"农药防治病虫。起苗前 1 天的傍晚，浇透苗床水，水中加适量的速效氮肥，第二天手拔中小苗时，其根部能带走一些沃土，移苗时尽量减少抖动。但对特大苗，必要时应用铁铲带土起苗。起苗后要及时打成捆，能够减少植伤，便于运送到大田定植。

四、超稀定植

10 月中旬定植，苗龄一般在 40～50 天。接一季稻茬、地力水平较高的田，栽 2 500 株/亩；接双季晚稻茬或一季稻茬、地力水平中等的田，栽 3 500 株/亩；地力水平一般和让茬较迟的田，栽 4 500 株/亩。南北定向植，一般根朝南心叶朝北，有利早立苗，大小苗要分级分批定植。栽苗的深浅要一致，以不露根茎、不盖心叶为佳。行株距排列要均匀，每穴只定植 1 株。苗根与化肥万不可接触。覆土后要按紧，并要浇透"定根水"。

1. 肥料用量 根据油菜生长规律和超稀植高产栽培实践，亩产菜籽 200～250 千克，大田必须 N、P、K 配合使用，亩施纯 N 12～14 千克、P_2O_5 7.2～8.4 千克和 K_2O 4.8～5.6 千克，N：P：K 为 1：0.6：0.4；需增施有机肥，应每亩施菜饼 25 千克和人畜水粪 1 000 千克；需施硼肥，应亩用硼砂 0.5 千克兑水50 千克全株喷雾。

2. 肥料分配 油菜施肥的原则是重视基肥，勤施苗肥，酌施腊肥、薹肥，必须施硼肥。基肥、苗肥、腊肥和薹肥的比例为5：3：1：1。以中等施肥为例（纯 N 13 千克/亩），各类肥料的总量是尿素 28 千克/亩、过磷酸钙 56 千克/亩、氯化钾 8.6 千克/亩、人畜水粪 1 000 千克/亩和硼砂 0.5 千克/亩。各期的肥料分配为：基肥占总施肥量的 50％，施菜饼 25 千克/亩、硼砂 0.5 千克/亩、尿素 14 千克/亩和过磷酸钙 28 千克/亩。大田苗期肥占 30％，分 3 次追施，共用尿素 8.4 千克/亩、过磷酸钙 22.4 千克/亩、氯化钾 2.6 千克/亩和人畜水粪 500 千克/亩，过磷酸钙和氯化剂第一次施完。腊肥占 10％，施尿素 2.8 千克/亩、过磷酸钙 5.6 千克/亩、氯化钾 1.7 千克/亩和人畜水粪 500 千克/亩。薹肥占 10％，施尿素 2.8 千克/亩和氯化钾 4.3 千克/亩。

3. 施肥时间与方法　基肥在定植时（10 月中旬以前）施用，菜饼、硼砂和过磷酸钙可拌和在一起施于垱的一侧，尿素兑"定根水"浇施。大田苗期 3 次追肥，分别是 11 月 10 日（叶龄 15 片），12 月 5 日（叶 20 片）和 12 月 30 日（叶 25 片），尿素和人畜水粪结合抗旱掺入水中入根土，过磷酸钙和氯化钾要打穴深施。腊肥一般在 1 月 12 日（叶 32 片）前后，薹肥在 2 月 12 日（叶 40 片）左右，均要打穴，施后覆土，以提高肥料的利用率。

五、田管抓"六防"

1. 防僵苗　油菜苗移入大田后，在土壤干旱的情况下，植株蒸腾的水分减少，组织内含水量升高，呼吸作用加强，对营养物质的吸收能力降低，有机质积累减少，影响根系及地上部营养体的生长而僵苗，严重的死苗缺棵，因此，及时抗旱，以水调肥极为重要。油菜苗成活的第一步是发根，在根系组织的氧化呼吸过程中，需要充足的空气，如根部空气不足，新根就长不出来或发根少而假活僵苗，因此，"定根水"以人工浇为好，不宜大水漫灌而造成泥土闭根缺氧。免耕田要及时中耕松土，有利促根增叶壮茎争早发。

2. 防草害　超稀植油菜前期占地少，空间大，有利于杂草生长，因此，前期化学除草尤为重要。免耕田第一次在油菜移栽前 5 天，每亩用 41％农达水剂 200 毫升兑水 50 千克均匀施于田地；第二次在秋末或春初，当田间主种群禾本科杂草 3～6 叶时，每亩用 12.5%盖草能或 15%精稳杀得乳油 60 毫升，兑水 50 千克喷雾杀除；冬前结合中耕培土，也能有效地控制杂草危害。

3. 防渍害 圩区春季雨水多，土壤湿度过大时，土温上升慢，土壤空气不足，油菜根系呼吸受阻，吸收能力降低，土壤水多空气少温度低，微生物活动滞缓，养分分解少，易产生有毒物质而危害根系，田间湿度大，花器易落，病害加重，加之油菜进入生殖生长期，根系活力下降，极易产生渍害。因此，"三沟"配套和清沟沥水是防渍害的关键性措施。菜田周围如有养殖田和早稻秧苗田，必须在本田的四周开挖深沟，防治横流渗漏的渍水。

4. 防病虫 危害油菜的主要病虫有蚜虫、菜青虫、病毒病和菌核病。油菜生长前期以蚜虫防治为主兼治其他病虫。蚜虫是油菜生产的大敌，要坚持查虫治虫，不能造成危害。防治蚜虫能有效地控制病毒的危害。油菜开花时，是预防菌核病的重要时期，一般每亩用 22%克菌灵可湿性粉剂 150 克兑水 50 千克喷雾，还能有效地防止"花而不实"，增加角果和角粒数。

5. 防冻害 超稀植油菜正常的出叶动态是 10 月 21 日前日出 0.26 叶，每 3.8 天出 1 叶；10 月 21 日至 12 月 21 日，日出 0.16 叶，每 6.3 天出 1 叶；12 月 22 日至翌年 2 月 21 日，日出 0.13 叶，每 7.7 天出 1 叶；2 月 22 日至 3 月 21 日，日出 0.51 叶，每 2 天出 1 叶。因此，要遵循这一规律，采取有效措施，确保植株冬壮不受冻、春健不疯长。争取在 12 月 21 日前完成中耕培土，确保根茎不裸露被冻裂；腊肥、薹肥要少施氮肥，增施钾肥（占总钾量的 50%），增强抗冻能力；在乍冻前一天早上，向菜叶上撒施干草木灰，防止叶片冻伤效果好；对长势过旺的苗要喷用多效唑。

6. 防早薹 由于超稀植栽培，播种期提前 10 天以上，苗龄较长，如果移栽苗达不到大壮苗标准栽后施肥不"平衡"或管理不及时造成僵苗不发，加之暖冬等原因，有可能出现早薹早花，如任其发展就会导致减产。因此，防治措施上，一要定植大壮苗；二要加强大壮苗期管理，勤追氮肥，促早发；三要对长势过旺的苗在封行期和抽薹期喷施多效唑；四要及时摘薹补氮，当冬季菜薹长至 15 厘米左右时，要摘取薹尖 8 厘米，摘后立即浇施氮肥。摘薹最好选晴天进行，有利伤口愈合。摘薹后，油菜的生育期一般能延长 10 天左右。

六、适时收获，后熟增产

油菜终花后 30 天左右，有 1/3 角果呈枇杷黄，个别分枝茎部角果发白，籽粒已成品种固有的色泽时收获最好，即农民说的"八成黄十成收"（图 3-1）。超稀植油菜一般在 5 月 15—18 日收割。油菜边收割边打捆，并搬运到田外高处堆成"挑担马"（一担一堆）。堆 3～5 天，待后熟再进行脱粒。经过后熟，油菜籽粒得到充实，能提高品质，增加产量；早稻抢栽后再脱粒油菜，错

图 3-1　稀植高产油菜成熟期表现

开了农活，夏收夏种两不误。菜籽脱粒后要抢晴晒干，含水量≤10％时，方可归仓储藏或销售。

第四节　山地油菜三超四省栽培技术

一、山地油菜三超四省概念

三超即超早播、超稀植和超高产；四省即省种、省工、省药和省肥。超早播，播种期提早到8月上中旬，高山地区提早到7月中下旬，较传统10月上旬提早45～70天。种植密度由15 000株/亩降低到1 000株/亩左右。超高产，油菜籽亩产量由150千克左右提高到250～300千克。省种，亩用种量由300克降低到30克左右。省药，因低密度通风透光，田间湿度小，油菜茎秆坚硬，病害轻，防病用药少或无。省肥，低密度栽培后，亩肥料用量不增加，但产量增加，相应减少了单位产量的肥料用量。省工，密度降低后，育苗量和移栽量减少，用工相应减少。

二、山地油菜三超四省栽培技术

1. 选地整地　选择阳光充足，土壤肥沃、土层深厚，田间无渍水或排水良好的田块，海拔高度要求在1 300米以下。高山区玉米采用宽窄行法栽培，宽行2米，窄行0.4米，宽行内套种油菜，前茬作物或玉米宽行内的马铃薯收获后，去除田间杂草及时进行深耕，要求达到20厘米以上。厢面要求表土疏松细碎，水气协调，田面平整，结合耕整施足基肥，用45％的复合肥50千克/亩＋生物有机肥100千克/亩＋中油种乐硼肥2～3包/亩混合均匀施入土中。生产中可根据土壤肥力适当增加复合肥的用量，最高可施75千克/亩。

2. 播种或育苗　适时早播，培育矮壮苗。种植方式分为大田直播和育苗移栽2种。

（1）无茬口季节矛盾的地区可直播。种子用高巧拌种剂 10 毫升拌种油菜种子 5 千克。按行距 1 米起垄，株距 0.8～1.0 米点播，播种期在 8 月 25 日前后，每穴播 5～8 粒种子，出苗后用高效氯氟氰菊酯、氯虫苯甲酰胺防治跳甲、菜青虫和蝗虫保全苗，2 叶期间苗，每穴留 4 苗；4～5 叶期定苗，每穴留 1 苗。

（2）有茬口季节矛盾的地区应选择育苗移栽，分为大田育苗和营养器育苗 2 种方式。

①大田育苗。8 月 15 日左右播种育苗，苗床选择肥沃、平整、疏松、向阳、排灌方便及 2 年内未种植油菜的地块。苗床 34 米长，1.4 米宽（约 50 米² 育苗 1 100 株，满足 1 亩大田用苗量）；精细整地，结合整地，施有机肥为主；苗床亩用种 400 克，按 0.2 米株行距穴播，每穴播 5～8 粒种子。播种时高温干旱用稻草、玉米秆覆盖保湿促出苗，子叶出土时撤去覆盖物。子叶期开始间苗，每穴留 4 苗；2 叶期再间苗，每穴留 2 苗；4 叶期定苗，每穴留 1 苗。2 叶期追粪水肥 1 次，3 叶期均匀喷多效唑（15 克药兑 15 千克水）1 次，4 叶期追尿素 5 千克/亩；移栽前 1～2 天用淡粪水浇透后挖取菜苗移栽。育苗前后加强虫害防治。播种时用杀虫双拌玉米粉撒施到苗床上及四周防蟋蟀，出苗后立即喷施高效氯氟氰菊酯、氯虫苯甲酰胺防治跳甲、菜青虫和蝗虫保全苗。结合间苗拔除杂草，精细管理，培育出矮壮苗。9 月中下旬或 10 月上旬在前茬作物收获后及时移栽到整地、施肥或开厢（或者 1 米起垄）后的大田里。

②营养器育苗。在平坦空地用 2 米宽的厚塑料围成一个 50～70 米² 的浅池，池内摆放营养器，营养器上口径 13 厘米，高 16 厘米；营养器按 0.2 米的间距均匀摆放；选择 2 年内未种油菜的肥沃细土壤装入营养器内，营养土要湿润，每钵播 5～8 粒种子。播种时高温干旱用稻草、玉米秆覆盖保湿促出苗，子叶出土时撤去覆盖物。池子上面大雨时用小拱棚防小苗倒伏和池内积水过

多。子叶期开始间苗，每钵留 4 苗；2 叶再间苗，每钵留 2 苗；
4 叶期定苗，每钵留 1 苗。2 叶期追粪水肥 1 次，施于池内，3
叶期均匀喷多效唑（15 克药兑 15 千克水）1 次，4 叶期复合肥
1～2 千克或淡粪水于水池内；根据油菜苗长势适时追复合肥或
淡粪水于水池内，少量勤施；营养器干旱时或施肥时池内放 3 厘
米左右深的水，让其自然吸至营养器里。移栽前放干池内多余部
分水，便于移栽。播种时用杀虫双拌玉米粉撒施到育苗池四周防
蟋蟀，出苗后立即喷施高效氯氟氰菊酯、氯虫苯甲酰胺防跳甲和
菜青虫、蝗虫保全苗。结合间苗拔除杂草，精细管理，培育出矮
壮苗。9 月中下旬或 10 月上旬在前茬作物收获后及时移栽到整
地施肥或开厢（或者 1 米起垄）后的大田里。移栽密度行距 1
米，株距 0.8～1.0 米。

3. 田间管理

（1）中耕除草。中耕 1～2 次并培土壅蔸防倒，根据杂草情
况人工除草 1～2 次。

（2）合理施肥。以基肥为主、追肥为辅，以年前为主、年后
为补。①浇生根营养水，移栽后当天即可浇生根营养水和施大量
肥。整地没有施基肥的，用复合肥 60 千克/亩＋生物有机肥 25
千克/亩＋中油种乐硼肥 2～3 包/亩混合拌匀作底肥，油菜苗间
隔 20～25 厘米深施盖土。②补施营养肥，油菜 8 叶左右开始，
三康叶面肥 50 克兑水 45 千克喷施，隔 10～15 天施 1 次，共施 3
次。③追施薹肥，抽薹期用三康叶面肥加流体硼肥喷施 2 次。

（3）病虫害防治。蚜虫危害减产严重，在苗期、花期、成熟
期用吡虫啉或吡蚜酮等防治。初花、盛花期用磷酸二氢钾 100 克
/亩＋茂唑菌核净防治菌核病 1～2 次。

（4）清沟排渍。3—5 月雨水多，渍害造成油菜早衰，造成
菌核病加重而减产，要求深沟窄厢，并清沟 1～2 次，做到雨停
沟内水干。

4. 适时收获

（1）采薹。油菜苗高40～50厘米时（开花前）采薹16厘米左右。菜、籽两用只能采薹1次，菜、肥两用可多次采薹。

（2）收获种子。待90％左右角果变黄，油菜种子变黑时收割，尽量晚一点收割，可以提高产量和出油率（图3-2）。

图3-2　恩施三超四省油菜栽培模式试验示范收获场景

第四章　山地油菜病虫草害和防治技术

第一节　山地油菜主要病害和防治技术

油菜生长过程中会受到不良环境或有害生物的干扰，使油菜正常的生长发育过程、生理功能和组织结构出现异常，甚至死亡的现象称为油菜病害。由生物因素引起的病害称为病理性病害或侵染性病害，由非生物因素（如不良环境）引起的病害称为生理性病害。本节中，如无特殊说明，一般所说的病害指由病原物引起的侵染性病害。病害与瞬间发生的伤害，如冰雹伤、虫咬伤、风害以及其他的机械伤不同。病害是在有害生物或不良环境的持续干扰下发生的，有一个由内而外、由细胞组织到外观形态逐渐加深的病理变化过程，而瞬间发生的伤害则没有病理变化的过程。

一、油菜病害的常见症状

油菜感病后，外表表现出不正常的状态称为症状，症状又可分为病状和病症2类。感病油菜自身表现出的异常称为病状，在发病部位长出的病原的繁殖体及营养结构等特征称为病症。如油菜菌核病，油菜感染菌核病的病原核盘菌后，植株表现出的白秆为病状，茎秆内部形成的菌核为病症。真菌和细菌引起的病害病状、病症较明显，而病毒病则只有病状而无病症。症状是田间诊断病害的重要依据。

1. 油菜病害的病状类型

（1）变色。油菜感病后部分组织或全株失去正常绿色，称为变色。油菜常见的变色有花叶及红叶、黄化等，如油菜病毒病常引起花叶症状。

（2）坏死。油菜感病后植物组织局部受到破坏而死亡，并可在叶、茎、花薹、果等部位形成圆形、椭圆形、梭形、多角形或条形等斑点，一般有明显的边缘。病斑的常见颜色有褐色、黄色、黑色、白色等，如油菜菌核病等。

（3）腐烂。油菜感病后，患病组织被破坏和分解，细胞死亡，称为腐烂。油菜上常见的腐烂有干腐、软腐、溃疡等。油菜感染猝倒病和根腐病（立枯病）后，茎基部组织腐烂；感染黑胫病后，茎秆皮层坏死腐烂，木质部露出，形成溃疡症状。

（4）萎蔫。由于油菜的茎或根部的维管束受到病原的破坏，使油菜供水不足而引起的凋萎，称为萎蔫，如油菜根肿病、黑腐病。

（5）畸形。油菜感病后，可引起多种促进性或抑制性的病变，导致各种畸形。油菜上常见的畸形包括根肿病引起的根部肿瘤、油菜霜霉病和白锈病可形成"龙头"状畸形、油菜病毒病引起的叶片皱缩等。

2. 油菜病害的病症类型　病症是病原在感病植物表面形成的繁殖体，是病害诊断的重要依据。油菜上常见的病症类型有霉状物、点状物、粉状物、锈状物和菌核。很多病害直接以其病症的特点命名，如霜霉病、白粉病、菌核病、灰霉病、白锈病等。

（1）霉状物。是真菌性病害常见的病症，主要由真菌的菌丝、孢子、孢子梗等组成。油菜上常见的霉状物有白色霉层（菌核病、根腐病）、霜状霉层（霜霉病）、灰色霉层（灰霉病）等。

（2）点状物。是很多病原真菌的常见病症，多为褐色、黑色。点状物是真菌的繁殖器官。如油菜黑胫病表面的黑色突起颗粒为病原的孢子器。

（3）粉状物。是很多真菌病害的常见病症。如油菜白粉病可在病株表面产生大量的白色粉状物（分生孢子），后期逐渐变为黑色。

（4）锈状物。一般是锈病的特征，病株表面隆起，破裂后散出白色粉状物。如油菜白锈病在病部形成大量白色疱疹（分生孢子）。

（5）菌核。是真菌菌丝交结在一起形成的一种非常致密的组织结构，发生在病株表面或茎秆内部。油菜上常见的是菌核病的菌核，灰霉病和根腐病也可形成菌核。

二、油菜病害防治基本方法

根据"预防为主，综合防治"的总方针，预防病害发生是最经济有效的方法，如选用抗病品种、针对检疫性病害加强检疫、改善油菜生长的环境等。

病害发生的三要素包括病原、寄主和环境。病害是在病原数量足够、寄主植物对病害敏感（感病寄主）、环境条件有利的条件下发生的。据此，病害防治也可从这 3 个要素进行。针对病原，可清理病残体来减少初侵染源，选用合适的药剂来控制病原的生长和侵染，利用有益微生物（生防菌）来降低病原的数量或致病力；针对寄主，可培育抗病品种；针对环境，可采取合理密植，增强通风透光、即时排灌水保持田间合理的湿度、适时播种避开病害发生关键期等措施，创造不利于病害发生的条件。

三、油菜生产常见的病害与防治技术

受地理条件限制，山地油菜多为旱旱轮作或连作，难以进行水旱轮作，田间病原菌丰度较高；此外，免耕栽培很大程度保护了土壤耕作层，同时也使病原居于土壤浅表，有利于其萌发和侵染油菜。因此，山地油菜病害有逐年加重的趋势。常见的山地油菜病害主要有菌核病、根肿病（区域性发生）、霜霉病、白锈病、白粉病、根腐病、病毒病等。

1. 菌核病 油菜菌核病又名茎腐病、白秆病等，是我国及世界油菜生产中危害最大的真菌病害之一。菌核病在世界冬油菜区和春油菜区均有发生，在我国大部分油菜种植区均有发生。一般使产量损失 10%～30%，严重时可达 50%以上。

（1）危害特点和发病症状。油菜叶片、茎秆、花瓣、角果和种子均能被侵染，全生育期都能感病。一般由感病的花瓣落到植株的叶片、茎秆上引起整个植株感染发病。

菌核病一般以花期到成熟期发病为主。苗期菌核病主要在四川省发生，其他省份零星发生。但近年来，在四川、重庆、湖北、湖南和安徽等省份，油菜苗期和蕾薹期菌核病在某些年份普遍发生，引起严重的植株死亡。

菌核病典型的识别症状：①坏死斑。叶片上的病斑一般呈同心轮纹状，外围淡黄色，中间病部黄褐色或灰褐色；茎秆上的病斑更常见，病部为灰白色（故而菌核病也称为"白秆病"）。病健交界处十分明显。②常形成菌核等病症。后期，菌丝于茎秆和分枝内（有时也在外面）形成黑色鼠屎状的菌核，严重时整个髓部消解而成空秆，植株呈现早熟现象。湿度大时，病部长出很多白色菌丝霉层（图 4-1）。

（2）侵染循环。主要以菌核在病残体、土壤以及混杂在种子中越冬和越夏，也可以菌丝在发病的种子中越冬越夏。菌核具有很强的抵抗逆境的能力，能在土壤中存活多年。在冬油菜区，越夏的菌核进入秋季后，气温和降雨量合适时，可萌发产生菌丝，从土壤表层、茎基部侵染油菜，发生苗期菌核病。越夏后的菌核在条件合适时也可萌发形成子囊盘，释放子囊孢子，通过伤口侵染油菜，极少数的情况子囊孢子也可直接侵染油菜。到翌年春天

图 4-1　油菜菌核病典型症状

（2—3月），气温回升雨水丰富时，越冬后的菌核大量萌发形成子囊盘，释放出子囊孢子随气流传播。子囊孢子飘落到油菜花瓣上，萌发产生菌丝侵染花瓣，感病花瓣脱落后掉到叶片、茎秆上引起叶片和茎秆发病，在病部形成菌核。此外，健康植株的叶片、茎秆与感病植株接触后也会引起发病。油菜收获后，菌核或掉落到田间土壤中，或留在病株内随秸秆还田进入土壤，部分菌核也可混入种子中。

（3）防治方法。

①选用抗病品种。

②合理的栽培技术措施。水旱轮作可减少病原的初侵染来源（主要是菌核）；土壤深耕可使菌核深埋入土中，难以萌发、传播；田间注意清沟排水滤渍，降低田间湿度；合理密植，均衡施

肥，不偏施氮肥；及时清理病残体。

③药物防治。油菜盛花期施药，可选用咪鲜胺、异菌脲、多菌灵、菌核净等杀菌剂。

2. 根肿病 根肿病是十字花科植物上重要的土传病害，早期主要在十字花科蔬菜上发生。油菜根肿病主要分布于欧洲、亚洲、美洲和大洋洲，早期在我国主要分布于云、贵、川等地，但近年来已扩散至各省，北至黑龙江、南至广东、西至西藏、东至上海均有发生，严重时导致绝收。

（1）危害特点和发病症状。根肿病主要发生在十字花科植物上，顾名思义，主要危害植物的根部，使根部肿大形成根瘤。偏酸的环境、充足的水分有利于根肿菌的萌发和侵染，土壤钙浓度高可减轻根肿病的危害。根瘤是根肿病最典型的识别症状。初期主根和侧根球状肿大，之后根瘤逐渐扩大成纺锤形、不规则形，侧根减少，主根表皮龟裂，土壤中一些腐生真菌、细菌趁机侵入后，肿瘤逐渐腐烂，并发出恶臭，严重时整个根部完全腐烂。一些耐病性好的品种，会在主根被侵染后，在主根上部或茎基部生出新根。由于根系是植物营养和水分吸收的主要器官，根部受侵染后，植株矮化；侵染早期，中午阳光强烈时植株萎蔫，早晚可恢复；后期主根形成很大根瘤后，整株萎蔫甚至死亡（图4-2）。

（2）侵染循环。根肿菌以休眠孢子在土壤中越夏。在冬油菜区，秋季油菜播种后，在合适的温度和充足的水分条件下，休眠孢子萌发产生游动孢子，随土壤中的水分游动到油菜根部，侵入根毛。此阶段为根毛侵染阶段，也称为初侵染。2个游动孢子结合成合子之后继续侵入根的皮层，并在油菜根内形成休眠孢子。此阶段为皮层侵染阶段，也称为次侵染。根肿菌的根毛侵染不引起产量损失，油菜不显示症状；皮层侵染阶段油菜显示根部肿大症状。当肿大的根部溃烂后，休眠孢子释放到土壤中。

图 4-2　油菜根肿病典型症状

（3）防治方法。

①根据生理小种类型选用合适的抗病品种。

②合理的栽培技术措施。选用无病苗移栽；适当迟播可减轻根肿病的危害；发病较轻的田块可与非十字花科植物（如大豆、玉米）轮作；发病较重的田块需停止种植十字花科作物 5 年以上。

③土壤改良。中和土壤酸性，短时间内可适量施用石灰提高土壤 pH；增加土壤钙含量，多施有机肥；土壤熏蒸。氰氨化钙作为一种土壤消毒剂，既是钙肥也是氮肥，还可有效减轻根肿病的危害（提高土壤 pH、增加钙含量、直接消毒和防病）。一般大田施用氰氨化钙 10～15 千克/亩，可减轻根肿病的危害，同时提高油菜产量。

④药剂防治。播种前和苗期是病害防治的关键时期。油菜播

前可用50％福帅得（氟啶胺）处理大田土壤，种子可用10％科佳（氰霜唑）浸种。

3. 苗期根腐病 油菜苗期根腐病又叫立枯病，近年来在山地油菜生产中屡有发生，严重时发病率30％以上，苗期全株死亡。

（1）危害特点和发病症状。主要危害根部和茎基部，引起根腐、地上部枯萎。油菜幼苗感染根腐病后典型的识别症状是根颈部出现褐色略凹陷的病斑，干缩之后出现细缢，严重时全株枯萎。该病与猝倒病相比，最大的区别在于病苗"立枯"，折而不倒，而油菜感染猝倒病后，植株从茎基部地表处折断倒伏。

（2）防治方法。

①加强栽培管理措施。轮作、合理施肥以培育大壮苗，及时清沟排水以降低田间湿度，及时拔除病株。

②选用无菌种子或进行种子处理。

③药剂防治。发病早期可用百菌清、多菌灵等杀菌剂喷雾或灌根。

4. 霜霉病 油菜霜霉病在大部分油菜产区都有发生，在我国大部分地区主要在苗期危害叶片，引起的产量损失报道较少。因此，油菜霜霉病虽然普遍发生，但相关研究并不多见。

（1）危害特点和发病症状。油菜整个生育期均可发病，叶、茎、花、角果均可感染霜霉病，以叶片最为常见。低温多雨高湿度有利于病害发生。霜霉病典型的识别症状为：叶片正面为淡黄色至黄褐色不规则形病斑，背面常产生白色霜状物（病原的孢囊梗和孢子囊）。花梗受害时，常常在顶端肿大弯曲，状似"龙头拐杖"，上面生有大量白色霜状物。

（2）病害循环。一般以卵孢子随病残体在土壤中和种子、粪肥中越夏，并成为主要的初侵染源。秋季油菜播种后，温湿度合适时卵孢子萌发，侵染油菜幼苗，产生孢子囊后可进行再侵染。

孢子囊在孢囊梗干缩后可从小梗顶端发射到空气中，随气流传播。成功侵染的孢子囊在油菜组织中继续形成卵孢子。

（3）防治方法。

①选用抗病品种。一般甘蓝型油菜抗病性比白菜型和芥菜型油菜强。

②加强栽培管理措施。与禾本科作物（如大麦、小麦）轮作可有效减轻病害发生。适当晚播，合理施肥，及时摘除病叶和黄叶。

③药剂防治。霜霉病为卵菌纲真菌引起，可选用铜制剂、硫制剂、霜脲腈类、吗啉类等杀菌剂。由于卵菌的进化一般认为是从水生演化到陆生，因此，卵菌一般具有"亲水"的特性，防治药剂宜选用水剂、悬浮剂、水分散剂等剂型。

5. 白锈病　油菜白锈病在我国分布较广，其中以西南云、贵、川和华东苏、浙、沪等地发生较重。在大流行年份，白锈病发病率 50% 以上，产量损失 30% 以上，同时菜籽的含油量也显著降低。油菜白锈病和霜霉病均为卵菌纲霜霉目真菌引起，症状和防治方法上有很多相似之处。

（1）危害特点和发病症状。油菜苗期到成熟期均可感染白锈病，以抽薹和开花期为重，主要危害叶、花和花梗、角果等器官。白锈病典型的识别症状是在受害部位形成白色漆状疱疹，破裂后有白色粉末散出。叶片感染白锈病后，背面产生白色疱疹状，正面为淡黄色病斑。花器和花梗感染后畸形肥大，花瓣变绿变厚变脆，不脱落，花梗顶部膨大弯曲呈"龙头拐杖"状，上生白色疱疹。感染白锈病和感染霜霉病的油菜，主要区别在于，霜霉病的病症（叶片背面、花器"龙头"等）为霜状霉层，白锈病的病症为疱疹状斑块。

（2）防治方法。除常规的选用抗病品种、实行轮作、合理施肥、适时播种、摘除病体"龙头"等措施外，防治药剂的选择上与霜霉病也有很多相同的地方，可采用百菌清、代森锌、嘧菌酯、甲霜灵等杀菌剂。

6. 病毒病 油菜病毒病在全国均有发生，以冬油菜区为主。病毒病为间歇性流行病害，一般年份发病率在 10% 左右，减产 10%~20%，大流行年份发病 50% 以上，损失 30% 以上。

（1）危害特点和发病症状。发病植株一般株形矮化、畸形。不同类型油菜感染病毒病后症状差异很大。甘蓝型油菜苗期症状常见的是枯斑和花叶，枯斑先在老叶上显症，然后向新叶发展，后期植株矮化。成株期症状主要在茎秆上形成坏死斑，根据病斑的形状，主要有条斑、轮纹斑和点状枯斑 3 种，田间症状经常是几种类型同时发生在一株油菜上。条斑为最常见也是最严重的成株期症状，一般为褐色至黑褐色，初期为小的梭形斑，后随着斑块上下延伸，连接成长条形。后期病斑开裂，裂口处有白色分泌物，严重时可导致全株枯死。轮纹斑初期为梭形或椭圆形病斑，中心淡褐色，周围一圈褐色油渍状，病斑略凸出，后病斑逐步扩大形成同心轮纹状，病斑多时可连成一片，出现花斑状茎秆。点状枯斑为黑色针尖大小的斑点，斑点并不扩大。芥菜型和白菜型油菜苗期主要表现为花叶和皱缩，先从心叶显症，叶脉半透明或明脉，形成黄绿相间的斑驳状花叶，叶片皱缩、加厚、变脆。

（2）防治方法。病毒病目前在生产上尚无效果理想的药剂防治方法，防治重点在于预防苗期感病。可选用抗病品种、适当推迟播期、通过治理病毒病的传播介体蚜虫防病。

第二节　山地油菜主要虫害和防治技术

山地油菜的田间湿度主要依赖于自然降雨，在一些降雨较少的地区，干旱成为制约山地油菜发展的限制因子之一，而低湿度有利于害虫繁殖和活动。危害油菜的害虫种类较多，以苗期危害更为严重。

一、蚜虫

蚜虫是油菜上最常见的害虫之一。蚜虫一般刺吸植物汁液，造成叶片卷曲变厚，影响光合作用和开花结实，由于蚜虫食谱广、繁殖快，世代交替，一年可发生30多代，还能传播病毒病，造成的危害极其严重。

1. 发生危害特点　油菜蚜虫主要有萝卜蚜、桃蚜和甘蓝蚜3种，其中甘蓝蚜主要在北方油菜区发生。蚜虫一般群集于叶片背面、茎、花轴等部位刺吸汁液。蚜虫喜欢温暖干旱的环境，稍高的温度（25℃左右）和较低的湿度（50%～85%）有利于蚜虫繁殖和危害。在冬油菜区，油菜苗期（秋季）和抽薹期（春季）是蚜虫危害相对严重的两个时期。苗期蚜虫在油菜顶端或嫩叶背面吸食汁液，受害叶变黄卷缩，植株生长不良，严重时植株矮缩，甚至枯蔫而死。抽薹开花期蚜虫密集危害，可造成落花、落蕾和角果发育不良，严重的甚至颗粒无收。

2. 防治方法

（1）农业防治。苗期保持合理田间湿度，减少蚜虫发生。清洁田园，即时除草。适当迟播可减轻苗期蚜虫危害。

（2）选用抗蚜虫和抗病毒病的品种。

（3）化学防治。在油菜越冬期应全面普遍防治一次蚜虫，抽薹开花初期、终花结荚期也应及时防治蚜虫，叶背面、蕾薹、茎等部位重点防治。可使用的杀虫剂包括吡虫啉、氧化乐果、抗蚜威、溴氰菊酯、噻虫嗪等。

（4）物理防治。由于蚜虫具有趋黄性，油菜播种后可悬挂黄板诱杀蚜虫。

（5）生物防治。可利用瓢虫、草蛉、食蚜蝇、蚜茧蜂等蚜虫天敌来防治蚜虫。

二、菜青虫

菜青虫是菜粉蝶的幼虫。菜粉蝶本身并无危害,主要是幼虫啃食油菜叶片造成伤害,并排出大量粪便污染油菜叶片和心叶。同时,啃食后的伤口为软腐病的病原提供入侵途径,加重了油菜的产量损失。

1. 发生危害特点　成虫菜粉蝶只在白天活动,晴天午时最为活跃。幼虫行动迟缓,不活跃,受惊时静伏不动或摆动前身,或卷曲虫体,低龄幼虫有吐丝下坠的习性,大龄幼虫会短时间假死。菜青虫喜温暖少雨的气候,但不耐高温,超过32℃时幼虫容易死亡。苗期危害最为严重,幼虫喜啃食油菜叶片。1～2龄幼虫仅取食叶肉,留下一层薄薄的表皮,称为"开天窗";3龄以后幼虫可将整个叶片啃食成孔洞和缺刻,严重时将叶片吃成网状,只剩粗叶脉和叶柄(图4-3)。

图4-3　菜青虫及其危害状

2. 防治方法　由于 3 龄以后幼虫取食量大，耐药性增强，因此防治应在 3 龄以前进行（成虫产卵盛期、卵孵化期和 1~2 龄幼虫期），严重时可根据农药的安全间隔期连续防治 2 次，不同农药交替使用可避免产生抗药性，注意叶片正面和背面都应喷到。可选用阿维菌素、敌百虫、敌敌畏、辛硫磷、氯氰菊酯等杀虫剂进行喷雾。一些生物杀虫剂如苏云金杆菌（Bt）、青虫菌、白僵菌、甘蓝夜蛾核型多角体病毒等都有很好的防治效果。此外，还可利用天敌寄生性蜂类，如广赤眼蜂、绒茧蜂、蝶蛹金小蜂等来防治菜青虫。

三、小菜蛾

小菜蛾别名小青虫、两头尖、吊丝虫。小菜蛾与菜青虫同属鳞翅目，常混合发生，全国各地均有分布。二者外貌相似，在危害特点和防治方法上也有很多相似之处。

1. 发生危害特点　成虫为小型蛾类，昼伏夜出，有趋光性。幼虫活跃，受惊时向后剧烈扭动、倒退或吐丝下落成"吊丝"状，老熟幼虫为两头细小中间粗大的纺锤形，身体黄绿色，头部灰褐色。小菜蛾一年发生 11~12 代，有世代重叠现象。低龄幼虫取食量小，主要取食叶肉留上表皮呈"开天窗"状，大龄幼虫可造成叶片缺刻，严重影响油菜苗期的生长发育。

2. 防治方法　在幼虫低龄期施用杀虫剂进行化学防治，可选用氯氰菊酯、阿维菌素、辛硫磷、敌敌畏等杀虫剂及其复配制剂。生物防治可选用瓢虫、菜蛾赤小蜂、菜蛾绒茧蜂等。此外，小菜蛾成虫具有趋光性，可在成虫发生期设置黑光灯诱杀小菜蛾，减少虫源。群防、联防，及时、集中防治可起到更好的防治效果。

四、黄曲条跳甲

冬油菜区最常见的跳甲，以成虫和幼虫对油菜植株直接造成危害。成虫啃食叶片，幼虫在土壤中啃食油菜根部表皮或咬断须根。幼苗期受害最重，常造成油菜缺苗，甚至全田毁灭。

1. 发生危害特点 冬油菜区主要在苗期发生，秋季最为严重。成虫和幼虫危害需要干燥少雨和较高的气温，但不耐高温，超过34℃时危害减少。成虫产卵喜潮湿土壤。黄曲条跳甲不仅会飞而且善于跳跃，难以捕捉，遇惊扰即跳到地面或田边水沟，随即又飞回叶上取食。成虫晴天多隐藏在叶背或土缝处，早晚出来危害叶片，使叶片布满小椭圆形孔洞。幼虫在土里啃食根部，咬断须根，使地上部分萎蔫枯死。

2. 防治方法

（1）土壤处理。土壤撒施辛硫磷颗粒剂，可杀死土中的幼虫和蛹。

（2）种子处理。可采用噻虫嗪处理种子或进行种子包衣。

（3）化学防治。成虫宜在早晨或傍晚施药防治，油菜出苗后、成虫产卵前防治效果最佳。防治苗期幼虫可采用杀虫剂灌根。可选用的药剂包括噻虫嗪、敌百虫、辛硫磷、杀螟腈等。

第三节 山地油菜主要草害和防治技术

油菜田杂草种类多、数量大，在与油菜争肥水争空间的同时，也影响了油菜的光合作用，从而导致油菜生长发育不良。一些杂草还是油菜病虫害的寄主，更加重了田间杂草的危害。

一、杂草的种类和发生规律

油菜田杂草种类有40多种，常见的禾本科杂草有看麦娘、日本看麦娘、稗草、早熟禾、野燕麦、干金子、硬草、棒头草等，常见的阔叶杂草有猪殃殃、繁缕、牛繁缕、婆婆纳、雀舌草、碎米荠、播娘蒿、荠菜、大巢菜、苣荬菜、苦苣菜、苍耳、卷耳、通泉草、藜、扬子毛茛等（图4-4）。

图4-4 油菜田杂草危害

冬油菜区山地油菜如播种时气温高墒情好，播种后很快形成杂草出苗高峰；如播种时遇干旱，土壤墒情差，杂草出土较迟，但降雨后很快形成杂草出苗高峰，形成油菜田间的主要杂草群落，与油菜竞争水分、营养和光照。入冬后气温降低，田间杂草基本停止生长，因此，冬前是防治杂草的关键时期。在春油菜区，春季油菜播种后气温较低，杂草前期生长缓慢，后期气温回升后迅速生长。

二、杂草防治策略

山地油菜的杂草防治以化学防治为主。由于长期选用单一除草剂、过量使用除草剂等问题，除草剂引起的药害时有发生。科学规范的使用除草剂不仅可以避免药害，还可减缓杂草抗药性的发生。

1. 播后苗前或移栽前土壤处理 油菜直播盖土后发芽前或移栽前 3～5 天可采用乙草胺、精异丙甲草胺（金都尔）、氟乐灵等土壤处理除草剂进行喷雾，用以杀死正在萌发的杂草。

乙草胺、精异丙甲草胺和氟乐灵可用于防除一年生禾本科杂草和部分阔叶杂草。异噁草松可用于防除一年生禾本科杂草和阔叶杂草，持效期长，在干旱低温条件下也能发挥很好的药效。

2. 苗后茎叶处理 在杂草出苗后，应及时选用茎叶喷雾除草剂控制杂草危害。防除禾本科杂草可采用精喹禾灵、氟吡甲禾灵（盖草能）、精吡氟禾草灵（精稳杀得）、烯草酮等除草剂，防除阔叶杂草可选用草除灵（高特克、好实多）、二氯吡啶酸（龙拳）、敌草快（利农）等除草剂。

第五章 山地油菜营养与施肥技术

第一节 山地油菜对养分的需求规律

油菜植株高大，需从土壤中吸收较多的营养物质，其对氮、磷、钾的需要量比禾谷类作物多。油菜吸肥力强，对氮、钾需要量大，对磷、硼反应敏感。油菜吸收氮、磷、钾的数量与生长发育速度密切相关，生长发育旺盛时期吸收数量相应增多，生长发育减慢，吸收量相应减少。

一、不同生育阶段养分吸收规律

油菜不同生育时期对养分的需求比例不同，油菜对氮素的吸收量，在抽薹前约占45%，抽薹至终花前约占45%，角果发育期约占10%。因此，氮素的吸收高峰主要在苗期和薹花期。氮素在苗期主要促进根系的发育和地上部叶片的形成，对增加冬前叶片数、扩大叶面积、制造和积累较多的光合产物、培育壮苗有重要作用。薹花期生育两旺，生长量大，消耗养分多。此期氮素供应状况对单株分枝数、角果数影响很大。油菜全生育期均不可缺磷，但以苗期对磷最为敏感，对磷的吸收利用率较高。钾在油菜生长发育过程中主要是活化酶系统，对茎叶的形成和光合作用的进行，以及碳水化合物的运输有重要作用。钾素以苗期和薹花期吸收比例较高，叶片和茎叶中含量较多。

二、不同部位养分分配规律

油菜各部位养分分配不同，氮和磷主要分配在油菜籽粒中，分别占总量的 75.3%～83.2% 和 67.0%～78.3%，茎秆和角果壳分配的较少，茎秆和角果壳中的氮分别占总量的 8.3%～11.3% 和 8.5%～14.1%，茎秆和角果壳中的磷分别占总量的 10.7%～14.8% 和 9.5%～18.21%；而茎秆和角壳则是钾素的累积中心，二者累积的钾素占总量的 85.9%～87.6%，其中茎秆和角果壳中的钾分别占总量的 34.6%～48.7% 和 37.6%～51.4%，而在籽粒中分配得较少，为 12.4%～14.1%。

三、不同产量水平油菜氮磷钾养分吸收量

不同油菜籽粒产量水平下氮磷钾养分吸收量不同，当目标产量为 100 千克/亩以下时，氮肥（N）吸收量为 5.0 千克/亩、磷肥（P_2O_5）吸收量为 2.1 千克/亩、钾肥（K_2O）吸收量为 6.7 千克/亩，氮磷钾养分效率分别为 20.0 千克/千克、48.0 千克/千克和 14.9 千克/千克；当目标产量为 200 千克/亩时，氮肥（N）吸收量为 10.2 千克/亩、磷肥（P_2O_5）吸收量为 4.26 千克/亩、钾肥（K_2O）吸收量为 13.7 千克/亩，氮磷钾养分效率分别为 19.5 千克/千克、46.90 千克/千克和 14.6 千克/千克。每生产 100 千克籽粒需 5.1 千克 N、2.1 千克 P_2O_5 和 6.9 千克 K_2O，N、P_2O_5、K_2O 需求比例为 1：0.4：1.3。随着产量的增加，其养分吸收量也在增加，每生产 100 千克籽粒所需养分的量也在增加，养分效率相应降低。不同产量水平下油菜氮、钾吸收量明显高于磷的吸收量。

第二节 山地油菜栽培主要
营养元素用量推荐

一、氮肥的精确定量

氮素是油菜植株器官中蛋白质、叶绿素及许多重要有机物的组成成分，是油菜生产的重要营养元素，氮肥对油菜的增产效果十分明显。油菜对氮素的吸收主要是在生育前期，盛花期以后吸收的氮素较少。收获时植株体内 70％ 的氮素转移到籽粒中储存起来。

氮肥用量在 0～6 千克/亩时，油菜产量随着氮肥用量的增加明显增加，当氮肥用量在 6～12 千克/亩时，随着氮肥用量的增加，油菜产量有所增加，但增产幅度减少。而当氮肥用量超过 12 千克/亩时，油菜产量几乎保持不变，施氮经济效益降低。适量的氮素营养能大幅提高油菜单株分枝数和单株角果数，增加角粒数，明显增加油菜干物质的积累，特别是油菜抽薹后干物质的积累，但对千粒重的影响结果不一。施氮增产主要原因是：在开花前形成适宜生物产量的基础上，明显提高了开花后角果的光合能力，增加了开花结角期的生物产量。过量施氮则会引起相反的结果，降低单株总茎枝数、有效角果数和千粒重。开花前形成生物产量过多，茎枝过于繁茂，群体中的无效分枝、低效分枝增多，影响了开花后角果的光合作用，最终籽粒产量不高。

施用氮肥能提高油菜产量、产油量和蛋白质含量，但对含油量的提高却有不利影响。施氮后一方面会提高蛋白质含量，降低芥酸含量和硬脂酸含量，改善品质，另一方面会降低油分、油酸和亚油酸含量，对品质产生不利影响。

1. 缺氮主要症状 氮素是蛋白质、酶、核酸和叶绿素等物质的主要成分，缺氮引起叶绿素减少，生长发育进程减缓。缺氮造成植株矮小，新叶生长慢，叶片少，叶色淡，重则变红、枯焦，下部叶片先从叶缘开始黄化逐渐扩展到叶脉，黄叶多，有时叶色逐渐退绿呈现紫色，茎下叶片变红，严重的呈现焦枯状，出现红色叶脉。茎秆纤细，分枝少，株型松散，根系不发达，花芽分化慢而少，蕾花量少，角、粒发育不良，开花早且开花持续时间较短，终花期提早，角果稀、数量少，产量较低（图5-1）。氮素的多少对油菜籽品质有一定的影响，角果成熟期氮素供应过多，会使油菜籽粒中蛋白质含量增加，而含油量随之降低；同时油分中的芥酸、亚麻酸含量有微量增加，而种子中硫苷含量有所降低。油菜缺氮主要与土壤氮素供应状况有关。另外，在多雨地区氮素流失严重，土壤渍水和干旱均不利于油菜对肥料的吸收。播种迟或移栽晚的油菜根系发育差，不利于养分的吸收，均会导致油菜出现缺氮症状。补救措施为在发生以上症状1～3天内，每亩增施尿素5.0～7.5千克，如较旱，兑水浇施效果更好。

图5-1　油菜苗期和初花期缺氮症状

2. 氮肥用量推荐　根据目标产量进行肥料用量推荐，是目前确定油菜施肥量常用的方法。一般油菜籽粒目标产量少于100千克/亩时氮肥推荐用量为6～9千克/亩，采用基肥60%，2次追肥各20%的氮肥施用方法；油菜籽粒目标产量100～150千克/亩时氮肥推荐用量为8～11千克/亩，采用基肥60%，2次追肥各20%的氮肥施用方法；油菜籽粒目标产量150～200千克/亩时氮肥推荐

用量为 10~13 千克/亩，采用基肥 50％，2 次追肥各 25％的氮肥施
用方法；油菜籽粒目标产量 200~250 千克/亩时氮肥推荐用量为
12~16 千克/亩，采用基肥 40％，3 次追肥各 20％的氮肥施用方法；
油菜籽粒目标产量高于 250 千克/亩时氮肥推荐用量为 15~20 千
克/亩，采用基肥和 3 次追肥各 25％的氮肥施用方法。

　　根据土壤供氮能力，对土壤氮素肥力进行分级。当土壤碱解
氮低于 60 毫克/千克，油菜籽粒目标产量为 100 千克/亩、
150 千克/亩、200 千克/亩和 250 千克/亩，推荐氮肥用量上限分
别为 7.5 千克/亩、11.3 千克/亩、15.3 千克/亩和 21.1 千克/亩；
当土壤碱解氮为 60~110 毫克/千克，油菜籽粒目标产量为
100 千克/亩、150 千克/亩、200 千克/亩和 250 千克/亩，推荐氮
肥用量上限分别为 6.0 千克/亩、9.0 千克/亩、12.3 千克/亩和
16.9 千克/亩；当土壤碱解氮为 110~160 毫克/千克，油菜籽粒目
标产量为 100 千克/亩、150 千克/亩、200 千克/亩和 250 千克/亩，
推荐氮肥用量上限分别为 5.0 千克/亩、7.5 千克/亩、10.3 千克/
亩和 14.1 千克/亩；当土壤碱解氮为 160~200 毫克/千克，油菜籽
粒目标产量为 100 千克/亩、150 千克/亩、200 千克/亩和 250 千
克/亩，推荐氮肥用量上限分别为 4.0 千克/亩、6.0 千克/亩、8.2
千克/亩和 11.3 千克/亩；当土壤碱解氮高于 200 毫克/千克，油
菜籽粒目标产量为 100 千克/亩、150 千克/亩、200 千克/亩和 250
千克/亩，推荐氮肥用量上限分别为 3.0 千克/亩、4.5 千克/亩、
6.13 千克/亩和 8.41 千克/亩。

　　油菜氮肥的施用，一般按基肥：追肥＝6：4 为宜，即氮肥
总量的 60％作基肥，20％作苗肥，20％作腊肥施用。在中等肥
力的地块上，油菜免耕栽培的氮肥施用方法为 40％作基肥，
30％作苗肥，30％作腊肥效果最佳。在多雨地区和土壤沙性较重
的地块，需要增加施肥次数。在油菜生长发育后期缺氮时可采用
尿素撒施或叶面喷施。施用氮肥的同时，还要考虑磷、钾及微量

元素肥料的配合使用，以达到相互促进的最佳效果。

3. 氮肥主要品种介绍 氮素化肥按其所含氮素形态可分为铵态氮肥、硝态氮肥、硝铵态氮肥和酰胺态氮肥 4 类，主要氮肥品种有硫酸铵、氯化铵、碳酸氢铵、液氨、氨水、硝酸铵和尿素等。

（1）硫酸铵。含氮量 21%，为白色晶体，易溶于水，为速效性肥料、生理酸性肥料。可作基肥和追肥及生产复混肥，酸性土壤不宜使用，不宜长期露天保存，当季利用率 30%～43%。

（2）氯化铵。含氮量 24%～25%，为黄色或白色晶体，易溶于水，生理酸性肥料。可作基肥和追肥及生产复混肥，不宜作种肥，酸性土壤不宜长期使用，并配合使用石灰，对氯敏感的作物不宜使用，生产糖及淀粉的作物及烟草田块不宜使用。

（3）碳酸氢铵。含氮量 17%，为白色或灰白色细小晶体，粉状，氨味浓。可作基肥和追肥，不宜作种肥，施用时应深埋，不宜与普钙、草木灰、人粪尿、钙镁磷肥等碱性肥料混用，当季利用率 24%～31%。

（4）液氨。含氮量 82.3%，常压下气态，呈碱性反应，施入土壤后自动气化为 NH_3。秋冬季作基肥，采用专业机具深施于土层 15 厘米以下，防止接触皮肤，严禁接近明火。

（5）氨水。含氮量 12.4%～16.5%，农用氨水一般含氨15%～20%，不稳定，易挥发，有氨味。可作基肥和追肥，不宜作种肥，施用时应深施覆土，深施于土层 10 厘米以下，施用时一不离土，二不离水，减少挥发。

（6）硝酸铵。含氮量 33%～35%，为白色粉状晶体，易溶于水，为速效氮肥。适于作追肥，也可在北方旱地作种肥用，不宜表施，追肥后应立即覆土，肥效快，不宜与新鲜的有机肥堆放或混施，结块后应用木棍打碎，不能用铁锤敲打，防止淋溶与渗漏损失。

（7）尿素。含氮量 46%，酰胺态氮肥，白色针状或棱状结晶，中性肥料。可作基肥、追肥、种肥和叶面肥，为半速效性肥，需要在土壤微生物分解的脲酶作用下才能分解成铵态氮再被作物利用，温度较高或与磷酸二铵接触时易潮解，容易随水流失，当季利用率 30%～33%。

二、磷肥的精确定量

油菜对磷素的需求量比氮素少，但优质油菜对磷反应敏感。磷素在油菜生理代谢中非常重要，磷素是核蛋白、磷脂、核酸及活性酶的组成部分，决定着细胞的增殖和生长发育。油菜是喜磷作物，生育前期可以促进根系的发育，增强油菜的抗寒、抗旱能力，促进花芽分化；后期可以使油菜提早成熟，增加种子含油量。油菜薹花期为吸磷高峰期。甘蓝型冬油菜每生产 100 千克油菜籽需要 P_2O_5 2.1 千克。磷素供应充足可提高油菜营养体内可溶性糖含量，增加细胞液浓度，增强细胞壁弹性和原生质黏性，减少胞间水分蒸腾，提高油菜越冬抗寒能力。

1. 缺磷主要症状　油菜缺磷时，叶片小，不能自然平展，呈灰绿色、暗绿色到紫绿色。上部叶片深绿、无光泽、中下部叶片呈紫红色。叶肉厚，严重时叶片边缘坏死，老叶提前凋萎。茎秆呈灰绿色、蓝绿色或紫红色（图 5-2）。油菜植株矮小且瘦长直立，根系明显减少，吸收力弱，茎秆细、分枝少，叶片、分枝发育和花芽分化受阻，光合作用减弱，角果、籽粒数少，产量低。延迟开花，晚熟 1～2 天。

油菜缺磷与土壤含磷量有关，当土壤中有效磷低于 25 毫克/千克时，施用磷肥有明显的增产效果。偏施氮肥也易导致油菜产生缺磷症状。此外，冬油菜区冬季气温较低，会导致土壤磷的有效性降低。土壤干旱，磷素扩散受阻，油菜易产生缺磷症状。如出现缺磷，需叶面喷施速效磷肥，如磷酸二氢钾等。

图 5-2 油菜初花期缺磷症状

2. 磷肥用量推荐 施用磷肥的主要目的是提高作物产量并快速培肥土壤，当土壤有效磷含量较低时，磷肥推荐用量一般为作物吸收带走量的 1.5 倍或 1.2 倍；当土壤有效磷含量适中时，磷肥推荐用量一般与作物吸收带走量相当；当土壤有效磷含量丰富时，一般地区只需要基施少量磷肥作为起动肥即可，但个别高产或超高产地区可以适量补充磷肥。

根据土壤供磷能力，对土壤磷素肥力进行分级。当土壤速效磷低于 6 毫克/千克，油菜籽粒目标产量为 100 千克/亩、150 千克/亩、200 千克/亩和 250 千克/亩，推荐磷肥用量上限分别为 3.1 千克/亩、4.7 千克/亩、6.4 千克/亩和 8.8 千克/亩；当土壤速效磷为 6～12 毫克/千克，油菜籽粒目标产量为 100 千克/亩、150 千克/亩、200 千克/亩和 250 千克/亩，推荐磷肥用量上限分别为 2.5 千克/亩、3.7 千克/亩、5.1 千克/亩和 7.0 千克/亩；当土壤速效磷为 12～25 毫克/千克，油菜籽粒目标产量为 100 千克/亩、150 千克/亩、200 千克/亩和 250 千克/亩，推荐磷肥用量上限分别为 2.1 千克/亩、3.1 千克/亩、4.3 千克/亩和 5.9 千克/亩；当土壤速效磷为 25～30 毫克/千克，油菜籽粒目标产量为 100 千

克/亩、150 千克/亩、200 千克/亩和 250 千克/亩，推荐磷肥用量
上限分别为 1.7 千克/亩、2.5 千克/亩、3.4 千克/亩和 4.7 千克/
亩；当土壤速效磷高于 30 毫克/千克，油菜籽粒目标产量为 100
千克/亩、150 千克/亩、200 千克/亩和 250 千克/亩，推荐磷肥用
量上限分别为 1.3 千克/亩、1.9 千克/亩、2.5 千克/亩和 3.5 千
克/亩。

　　施用磷肥的同时还要考虑土壤性质，南方土壤偏酸性，有利
于磷素的释放，磷的有效性相对较高。磷肥宜全部用作基肥施
用。合理施用磷肥可提高氮、钾肥料的利用率，但磷肥过多施用
会导致高磷引起的缺锌，因此，选择适当的磷肥用量，并与其他
肥料使用量形成适当的配比。在正常施肥水平下，磷肥应集中施
用于油菜根区，以利吸收。保持土壤适宜的含水量，提高磷的有
效性。当油菜出现缺磷症状时，可追施水溶性磷肥，或用过磷酸
钙浸出液或磷酸二氢钾溶液进行叶面喷施。

　　3. 磷肥主要品种介绍　　农业上所用的磷肥分有机磷肥和无
机磷肥 2 种，有机磷肥主要有鸟粪、骨粉等。无机磷肥是将磷矿
石加工形成的各种肥料。磷肥品种根据其溶解度可分为水溶性磷
肥，包括普通过磷酸钙（普钙）、重过磷酸钙（重钙）、磷酸二氢
铵、磷酸氢二铵、磷硝铵、磷硫铵等；柠檬酸溶性磷肥包括钙镁
磷肥、磷酸二钙、钢渣磷肥；难溶性磷肥包括磷矿粉；部分水溶
性、部分柠檬酸溶的磷肥（中性）包括硝酸磷肥、氨化普钙等。

　　（1）过磷酸钙（普钙）。有效成分量为 $12\% \sim 20\%$，主要成
分为水溶性的磷酸二氢钙盐，对热不稳定，酸性肥料。可作为基
肥、追肥和种肥，加水浸泡，上清液可用于浸种、拌种及叶面追
肥，游离酸含量过高时，作基肥容易烧苗，作种肥时应特别注意
其游离酸的含量，作基肥使用，一般每亩 35～50 千克。

　　（2）重过磷酸钙（重钙）。有效成分量为 $40\% \sim 50\%$，为高
浓度水溶性磷肥，主要成分为磷酸二氢钙，深灰色或灰白色颗粒

或粉状，易溶于水，水溶液呈酸性。可作为基肥和追肥，不宜作种肥，不宜与碱性物质或含高钙的物质混合，适合各种土壤和作物，尤其适合机械施肥，用量上为普钙的 35%～50%。

（3）钙镁磷肥。有效成分量 P_2O_5 14%～20%、MgO 10%～15%、CaO 25%～30%、SiO_2 为 40%，为灰白、黑色或灰绿色的细粒或粉末，不溶于水，能溶于弱酸，碱性肥料。其肥效比较慢，一般作基肥使用，不用作追肥，后效长。前茬用量多时，后作可不施或少施，不能与铵态氮肥混存混放，一般每亩 20～25 千克。

（4）钢渣磷肥。有效成分量 7%～17%，为深褐色粉末，主要成分为磷酸四钙，弱酸性肥料，能溶于柠檬酸或柠檬酸铵溶液，碱性强。适于作基肥，有腐蚀性，不宜拌种或作种肥，也不宜作追肥，适宜酸性土壤，肥效与普钙相当或高于普钙，当季利用率较低，可与有机肥沤制后使用，一般每亩 30～40 千克。

（5）磷矿粉。有效成分量 10%～30%，主要成分是难溶性磷，少量为弱酸溶性磷，极少数为水溶性磷。适宜南方酸性土壤使用，当季利用率低，施用量应加大。

（6）骨粉。为弱酸性肥料，含磷酸三钙 60% 左右。肥效慢，宜作基肥，在酸性土壤及生育期长的作物上使用效果较好，与有机肥料堆积发酵后施用，可提高其肥效。

三、钾肥的精确定量

钾素以离子状态参与油菜体内碳水化合物的代谢和运转。油菜对钾的需求量较大，其需钾量与需氮量接近。薹花期为油菜吸钾高峰期，约占一生吸钾量的 65%，甘蓝型冬油菜，每生产 100 千克油菜籽，需要钾（K_2O）6.9 千克。施钾显著提高油菜籽产量主要是由于钾肥有利于提高油菜有效分枝数，从而提高其有效角果数。施钾对主枝粒重影响不大，但可促进分枝籽粒重和果壳重。合理使用钾肥能改善油菜籽的品质，提高油分和油酸的含量，降低硫苷和芥酸的含量，但过量施用反而导致油菜籽品质下降。

1. 缺钾主要症状 油菜缺钾时，植株生育迟缓，幼苗呈匍匐状，叶片呈深蓝绿色或紫色，下部叶片边缘褪绿，叶肉部分出现烫伤状，严重时边缘和叶尖出现焦边和淡褐色枯斑，叶面凹凸不平（图5-3）。抽薹后症状更为明显，叶缘及叶脉间失绿发黄扩展迅速，并有褐色斑块或白色干枯组织，严重时叶缘枯焦，有时叶卷曲，似烧灼状，凋萎。植株瘦小，主茎生长缓慢，茎秆变脆，遇风宜折断。荚果稀少，角果发育不良，多短荚，千粒重低，抗病性、抗寒性和抗倒性差，产量和含油量下降。

图5-3 油菜苗期缺钾症状

缺钾主要与土壤钾素含量有关，当土壤速效钾含量低于140毫克/千克时，油菜施用钾肥具有明显的增产效果。油菜主产区降雨量大，导致钾素流失严重，也是我国油菜缺钾的重要因素。土壤通透性差，土壤干旱或水分过多，均易导致发生缺钾。在肥料使用上，近年来有机肥使用量下降，化肥中的氮、磷肥用量上升，偏施氮肥导致了油菜缺钾症状的发生。当出现缺钾症状后每亩追施氯化钾5～7.5千克，草木灰200千克左右；或每亩喷施40千克浓度0.1%～0.15%的氯化钾溶液。

2. 钾肥用量推荐 根据土壤钾素含量的多少，钾肥推荐用量一般为作物吸钾量的 0.2～1.0 倍。当土壤有效钾含量极高时，施用钾肥的增产潜力不大，只需基施少量钾肥作为苗期钾素起动肥，以供油菜苗期生产需要。当土壤速效钾为 26～60 毫克/千克，油菜籽粒目标产量为 100 千克/亩、150 千克/亩、200 千克/亩和 250 千克/亩，推荐钾肥用量上限分别为 6.7 千克/亩、10.1 千克/亩、13.7 千克/亩和 18.8 千克/亩；当土壤速效钾为 60～135 毫克/千克，油菜籽粒目标产量为 100 千克/亩、150 千克/亩、200 千克/亩和 250 千克/亩，推荐钾肥用量上限分别为 4.0 千克/亩、6.0 千克/亩、8.2 千克/亩和 11.3 千克/亩；当土壤速效钾为 135～180 毫克/千克，油菜籽粒目标产量为 100 千克/亩、150 千克/亩、200 千克/亩和 250 千克/亩，推荐钾肥用量上限分别为 2.7 千克/亩、4.0 千克/亩、5.5 千克/亩和 7.5 千克/亩；当土壤速效钾高于 180 毫克/千克，油菜籽粒目标产量为 100 千克/亩、150 千克/亩、200 千克/亩和 250 千克/亩，推荐钾肥用量上限分别为 1.3 千克/亩、2.0 千克/亩、2.7 千克/亩和 3.7 千克/亩。

钾肥应与其他肥料合理配合使用，施氮量低或不施氮时，施钾反而会导致减产。油菜钾肥一般分 2 次施用，基肥与追肥按 6∶4 比例分配。保持土壤疏松透气，防止土壤干旱和渍害，有利于提高钾的有效性。当油菜出现缺钾症状时，可每亩追施氯化钾或硫酸钾 8～10 千克，生育后期可用磷酸二氢钾或硫酸钾溶液进行叶面喷施。

3. 钾肥主要品种介绍 生产上常用钾肥有氯化钾、硫酸钾、碳酸钾、窖灰钾肥和草木灰等。

（1）氯化钾。有效成分量 50%～60%，为白色有光泽的结晶，能溶于水和酒精。加拿大产氯化钾因含铁等金属氧化物而转呈砖红色，生理酸性肥料。可作基肥和追肥，一般不作种肥和根外追肥，应施于表土以下较湿润的土层中，因含有 1%～3% 的氯化钠,不宜在盐碱土使用,酸性土地区注意配合碱性肥料或有机肥料使用。

(2)硫酸钾。有效成分量 $40\%\sim50\%$,白色或黄色结晶或粉末,易溶于水,化学中性,生理酸性速效肥。可作基肥、追肥、种肥和根外追肥,适合烟草、甘蔗等忌氯喜硫作物。与氮磷肥配合使用能充分发挥其肥效,在酸性土壤施用,按 1:1 配施石灰或钙镁磷肥。

(3)碳酸钾。白色或灰白色粉末,吸湿性强,易潮解,易溶于水,呈碱性。一般作基肥和追肥使用,不宜作种肥,不能与碱性肥料混放在一起,不能与畜粪尿混放。

(4)窖灰钾肥。有效成分量 $6\%\sim10\%$,灰色、灰黄色或灰褐色,90% 为水溶性钾,以硫酸钾和氯化钾形态存在,2% 左右柠檬酸溶性钾,以铝酸钾和硅酸钾形态存在,$1\%\sim5\%$ 为难溶性钾。可作基肥和追肥使用,不宜作种肥,宜在酸性土壤中使用,属碱性肥料,不可与铵态氮肥、人粪尿及过磷酸钙混施,一般每亩用量 $0.6\sim0.75$ 吨。

(5)草木灰。钾的形态主要是碳酸钾,其次是硫酸钾,氯化钾较少,90% 的钾能溶于水,属速效钾肥,为碱性肥料,水溶液碱性。可作基肥、追肥、种肥和根外追肥,作追肥宜采用穴施和沟施,作盖种肥宜用陈灰,防止灼伤。

第三节 山地油菜肥料施用原则

一、施肥原则

针对山地油菜种植中氮、磷、钾肥用量普遍较低,养分比例不协调,有机肥施用不足,硼等微量元素缺乏时有发生等问题,山地油菜施肥应掌握以下原则。

(1)依据土壤肥力条件和目标产量,平衡施用氮、磷、钾肥，主要是调整氮肥用量，增施磷、钾肥。

（2）依据土壤有效硼状况，补充硼肥。

（3）增施有机肥，提倡有机无机配合。

（4）氮、钾肥分期施用，适当增加生育中期的氮、钾肥施用比例，提高肥料利用率。

（5）肥料施用应与其他高产优质栽培技术相结合。

二、肥料用量

应根据种植油菜想要达到的目标产量及土壤肥力状况确定营养元素的施用量。当目标产量为 100 千克/亩以下时，氮肥（N）5～7 千克/亩、磷肥（P_2O_5）3～4 千克/亩、钾肥（K_2O）0～4 千克/亩；当目标产量为 100～200 千克/亩时，氮肥（N）8～10 千克/亩、磷肥（P_2O_5）3～5 千克/亩、钾肥（K_2O）5～7 千克/亩；当目标产量为 200 千克/亩以上时，氮肥（N）11～13 千克/亩、磷肥（P_2O_5）4～6 千克/亩、钾肥（K_2O）7～9 千克/亩。其中，氮肥总量的 60% 作基肥施用，20% 作苗肥，20% 作薹肥；钾肥用量的 60% 作基肥，40% 作薹肥；其余肥料作基肥一次施入。若基肥施用了有机肥，可酌情减少化肥用量。

三、施肥方法

施肥应遵循"施足基肥，早施苗肥，重施腊肥，稳施薹肥和巧施花肥"的原则。

1. 施足基肥 基肥的主要作用在于供给油菜一生对养分的需求，促使油菜冬前有较大的营养体以及发达的根系，积累较多的营养物质，为安全越冬和春后早发打下基础。翻耕整地应施足以农家肥、有机肥为主的基肥。基肥也可施在移栽穴内作"随根肥"，移栽前来不及翻耕的田地，将基肥穴施更为有利。移栽油菜一般施肥量占总量的 30%～40%，高产田可增至 50%。一般每亩施复合肥 25～30 千克。每亩基肥用量参考配方为：碳酸氢铵 20～25 千克，过磷酸钙 15～25 千克，草木灰 150 千克或硫酸钾 5～10 千克，以及硼砂 1.5 千克拌和厩肥、土杂肥施下。直播油菜大田生活周期要长一些，基肥施用量要求占总施肥量的 50％～60％。

2. 早施苗肥　油菜苗期长，吸肥量大，必须重视苗肥的施用。一般在直播定苗后或移栽成活后及时施肥，每亩用人粪尿 250 千克加尿素约 5 千克，兑水 1 000～1 500 千克浇施，10～15 天后再追施一次壮苗肥。追施苗肥应根据具体情况而定，对栽后生长慢，叶色发红的要早施、多施，土壤肥力高则少施，同一田块小苗多施、大苗少施。

3. 重施腊肥　在 12 月下旬至翌年 1 月上中旬，油菜必须重施一次腊肥，这次施肥具有保冬壮、促春发的作用。腊肥主要以迟效性农家肥为主，配合一定数量的草木灰和过磷酸钙施用，生长过旺的幼苗，腊肥可少施或适当推迟施用，一般每公顷施猪牛栏粪 1 000～1 500 千克，保证氮素用量占总量的 20％左右，钾素用量占总量的 40％左右。

4. 稳施薹肥　稳施薹肥可实现春发稳长，争取薹壮枝多，角果多，产量高。薹肥的施用应看苗而定，若叶色淡黄或发红，甚至全株带紫色，茎细弱则应早施、重施。蕾薹肥以速效氮肥为主，其施用量应根据植株长相灵活掌握，对冬苗不壮、春苗不旺、叶片不宽并稍带紫红色的，每亩施尿素 2.5～3 千克，或人畜粪 150～250 千克；春后生长势弱，叶片向上生长无光泽，下部叶片发红的，每亩可施 4～5 千克尿素或人畜粪 250～300 千克。蕾薹期是油菜一生中需肥最多的时期，氮素不足易引起早衰，但如施用氮素过多，则易引起贪青晚熟，徒长倒伏，病害加重，因此春后施肥应谨慎采用。

5. 巧施花肥　对春发不足，植株个体与群体均较少，到花期叶片未能封行，叶色淡绿或发黄的油菜地，应用人畜粪水加尿素追施花肥，或者可只对少数生长较差的植株补施。花肥一般在开花前后或初花期施用，用量为每亩 3～5 千克尿素或硫酸铵7～15 千克。初花期用尿素 1.0%、磷酸二氢钾 0.3%～0.5%、硼砂 0.2%～0.3%溶液喷施作粒肥（每亩兑水 100～150 千克），是控制油菜生长发育的有效方法，不仅增角、增粒、增重，还可以提高含油量。

第四节　山地油菜硼肥施用技术

油菜需要的微量元素较多，但对生长发育影响较大的是硼元素，硼不是油菜植株体内有机物的组成部分，但在油菜的生理代谢中具有重要作用。它可以增强油菜的抗旱、抗寒和耐病性，增强油菜茎叶等器官的光合作用，促进碳水化合物的正常运转。硼元素供应充足时，生长发育健壮，生机旺盛，根系发达，枝叶繁茂，角果满尖，籽粒饱满。当土壤中可溶性硼的含量小于0.4 毫克/千克时，油菜会出现植株矮化、生长萎缩、"花而不实"等许多症状（图 5-4）。土壤缺硼特别严重时，幼苗会出现叶柄开裂，根颈部龟裂，叶片出现紫斑，褪绿白化，甚至大量死亡。

引起油菜缺硼的原因，一是土壤硼素流失，质地较轻的土壤，因其保水保肥性能差，可溶性硼大量流失。二是石灰性土壤普遍缺硼，pH 在 4.7～6.7 范围内的偏酸性土壤有效硼含量较高；pH 在 7.8～8.1 的碱性土壤有效态硼含量下降。三是由于油菜体内的多种营养元素比例失调，如偏施氮肥、钾肥会引起钾硼颉颃而出现缺硼现象。四是晚熟品种生育期长，比早熟品种容易出现缺硼现象。

施用硼肥增产效果的大小主要与土壤可溶性硼含量有关，土

图 5-4　油菜缺硼"花而不实"症状

壤硼含量越低，增产效果越明显。一般土壤硼含量在 1 毫克/千克以上为富硼区，在 0.5～1 毫克/千克为适硼区，在 0.2～0.5 毫克/千克为缺硼区，在 0.2 毫克/千克以下为严重缺硼区；而潮土含可溶性硼为 0.31 毫克/千克，褐土 0.22 毫克/千克，砂姜黑土、棕壤、风沙土均为 0.2 毫克/千克，黄棕壤的水溶性硼含量最低，仅 0.17 毫克/千克。因此，绝大多数土壤有效硼含量都在油菜需硼的临界值以下，大部分土壤施肥对油菜都有明显增产效果。

一、硼肥施用原则

硼肥的施用应视不同的情况而定。一是因地施硼，淋溶性强的红壤，一般表现缺硼；有机质含量较高的土壤，硼被吸附，表现潜在缺硼，使用石灰过多的土壤，降低了硼的利用率，有些土壤中硼被固定，呈不溶性态。这些土壤均有不同程度的缺硼表现，应补施硼肥。二是要因不同的作物及品种而异。甘蓝型油菜对硼较敏感，需硼量大。不同品种的油菜需硼量也不一样，一般迟熟品种要适当多施，早熟品种可适当少施。三是适时适量施硼。当土壤缺硼严重时应及时增施硼肥，一般基施每亩用硼砂 0.75～1 千克，不宜过量施用。叶面喷施浓度一般为 0.1%～

0.2％，每亩用硼砂0.1千克。硼肥的最佳施用期在油菜生长的苗期和油菜由营养生长转入生殖生长的时期。

二、硼肥施用方法

硼肥可以作基肥、追肥及叶面喷施，根据优质油菜尤其是杂交优质油菜对硼素敏感、需硼量大的特点，硼肥最好底施，外加蕾薹期叶面追肥。

（1）底施。适用于严重缺硼土壤，一般每亩硼肥施用量0.5～1千克。可与其他氮磷化肥混匀，施入苗床或直播油菜田。一般施于土壤上层为宜。底施量可根据土壤有效硼含量的多少而定。一般土壤有效硼在0.5毫克/千克以上的适硼区，可底施0.5千克/亩硼砂；含硼在0.2～0.5毫克/千克的缺硼区可底施0.75千克硼砂；含硼0.2毫克/千克以下的严重缺硼区，硼肥施用量应在1千克/亩左右。

（2）叶面追肥。叶面喷施硼肥既可节约用肥，又可根据油菜各生育期的需硼特点，进行有效调节，适用于中、轻度或潜在性缺硼的土壤。抽薹现蕾期是喷施硼肥的关键，用0.05～0.1千克的硼砂或0.05～0.07千克的硼酸，先用少量热水溶解硼砂，然后再加入50～60千克水，即为每亩田块喷施用量。应注意在晴天的下午喷施，因为这时湿度大，气孔张开有利于硼的吸收。在干燥和大风时不宜喷施，喷施后4小时内如遇雨则补喷1次。

此外，硼肥与有机肥、氮磷化肥配合施用，可充分发挥配合施肥的增产潜力。用硼酸10～15克或硼砂200克拌种或用含硼水溶液浸种12小时，有提高油菜籽粒产量的效果。但由于硼对种子发芽有抑制作用，因此，使用硼肥拌种浸种要慎重，一般情况下不宜使用。此外，在移栽油菜时，用0.1％的含硼水溶液蘸根，有一定增产效果。

三、常用的硼肥种类

（1）硼砂。一般为十水硼砂，含硼约 11%，为无色透明或白色的结晶粉末，微溶于冷水，较易溶于热水。

（2）硼酸肥。含硼约 11%，为无色带珍珠光泽鳞片状结晶或白色细粒结晶，可溶于水。

（3）硼泥肥。含硼 0.5%～2%，为工业废渣，呈碱性，含硼量低，可用作基肥。

其他含硼复合肥、含硼矿物，含量不确定。生产上使用的硼肥多为硼砂。

第六章　山地油菜机械化
生产技术

我国油菜广泛种植于长江流域、西北、黄淮平原，丘陵山地油菜主要集中在四川、重庆、江西等地，主要有平坝区、小冲击坝区、大块赤腰田和大块赤顶田、梯田、冬水田和坡地等类型，其中小冲击坝区、大块赤腰田和大块赤顶田的面积最广，其总面积超过丘陵山区耕地总面积的一半，是丘陵山区的主要耕地类型。由于丘陵山区耕地具有田块小、坡度大、形状不规则等特点，适用于平原地区的油菜机械化作业设备并不完全适用于丘陵地区，导致山地油菜机械化生产困难、劳动强度大、生产效益低、种植面积日益缩减。

第一节　山地油菜机械化管理技术

一、农机与农艺基本概述

农机是指在农业生产中所使用的机械设备，采用农机可以更加高效、稳定地完成种植、保护以及收获等基本工作，稳步提升农业的生产质量以及生产效率。农艺指农业生产过程中所应用的技术，能够科学、合理地提升农作物的产出率。农机与农艺密不可分，能够通过各自的作用来稳步提升农业生产效益，虽然农艺是由长时间的农业种植中得出的生产经验，但其与农机的性质以及目的基本一致，都是为了提升农作物的生产质量与生产效率。因此，将农机与农艺有效融合，能够在最大限度上为种植者带来更高的经济效益，是现代化农业未来发展的必然趋势。

二、农艺农机融合中存在的问题

1. 农艺缺乏科学性　农艺经验的获得都来自农民在农业种植中的经验积累，真正可以运用在农艺中的农机技术有限，且都处在初级水平。实际情况是很多农业生产工艺不能适应农机作业的要求，使一些农民仍然沿用人工作业的方式。

2. 农业机械设备应用不足　当前市场中有很多的农机，然而在农业生产中的运用有限，主要是因为先进的农机价格较高，很多农民的理念保守，不想花费较高的价钱购置农机。虽然近些年农机在不断的发展，但在普及度和成熟度上还是与农艺技术存在差距。

3. 农艺与农机制造匹配性不足　部分农机存在与地域气候不匹配导致农机的适应性不足，限制了农机作用的发挥，或者农艺方面过于追求产量，没有考虑作物性状改变太大导致农机很难适应。

三、农机农艺融合生产

1. 推广宜机化优良品种　适合机械化生产的油菜品种应具有抗裂角、抗倒伏、适合密植、早熟、半矮秆的特点，宜选用株高 165 厘米左右、分枝少的品种。

（1）抗裂角品种的优选。油菜收获前和收获时的裂角落粒给生产造成严重损失，其损失可占籽粒总产量的 8%～12%。抗裂角性状由品种（系）的遗传特性决定，但受环境条件影响。抗裂角指数与角果密度呈显著负相关，与角果皮厚度、角果长度、角果宽度、角喙长度、角粒数呈显著正相关，但相关系数很小。

（2）抗倒伏品种的优选。油菜倒伏后，光合作用受到影响，病虫害加剧，产量和含油量都比正常油菜低，且无法进行机械化收获。倒伏与株型结构的关系密切，一次分枝短、与主茎夹角较小，主轴较短植株表现为紧凑型，其抗倒伏能力较强。高抗倒伏优质油菜品种中双9号、中双11、中油杂11、中油杂12、浙油18等都已在生产上大面积种植并应用于机械化生产。

2. 机械直播和机械移栽合理选择 直播油菜具有省工节本、提高工效、操作简便、便于机械收获等优点。但部分区域受双季稻以及其他晚秋作物收获迟影响直播油菜产量下降30%以上，需要采用育苗移栽的方式种植油菜。华中农业大学研制的2BFQ-6型油菜联合播种机可一次完成破茬、旋耕、精量播种、施肥和覆土盖种，减少机械对土壤的过度压实，有利于作物生长。在移栽方面，链夹式4行和2行半自动油菜裸苗移栽机进行了产业化应用，但由于生产效率低没有被广泛应用。农业农村部南京农业机械化研究所研制的油菜毯状苗移栽机改变了传统旱地移栽机开沟或挖穴方式，采用毯状苗切块取苗对缝插栽的方式，实现了稻茬田黏重土壤条件下高质高效移栽，已经完成了产业化并在全国进行了大规模的推广应用，取得了良好的效果。针对2种种植方式，在不影响产量、没有茬口矛盾的地区推荐采用直播方式，在有茬口矛盾、追求产量和质量的地区可采用毯状苗移栽方式。

3. 抗倒伏农艺技术 采取适当的化学调控及栽培措施可防止倒伏，提高产量。研究认为18万株/公顷密度下喷施800毫克/千克多效唑，油菜抗倒伏性较强。影响油菜倒伏的病害主要是菌核病，植株感病后茎秆开裂或折断，引起倒伏，使产量大幅降低。所以加强田间管理、防治病虫害、科学运筹水肥对防止倒伏至关重要。

4. 机械直播合理施肥 合理施肥是高产的保证。若肥水供应不足，则茎秆瘦小，其制造和储藏的养分均较少，影响植株的发育和产量。若肥水施用过度，造成茎秆软弱，后期倒伏，则将导致荫蔽，加重病害，最终亦影响产量和品质。官春云院士研制的控释肥在前期缓慢释放的基础上，蕾薹期后可大量释放。与一次施用普通复合肥相比，可有效增加油菜分枝数和角果数，产量增加 17%以上。

5. 病、虫、草害化学防治　油菜播前 1～2 天进行封闭除草，播种后 2～3 天内使用芽前除草剂，每公顷用 50%乙草胺乳油 750～1 050 毫升兑水 750 千克采用喷雾机或植保无人机均匀喷雾。在蚜虫的初发或盛发期，用氧乐菊酯（40%氧化乐果乳油加 20%速灭杀丁乳油）按 25 毫升兑水 50 千克每公顷喷洒药液 750 千克。预防菌核病可在初花期或初花期后 1 周内晴朗天气，用 50%多菌灵（或 40%菌核净）可湿性粉剂 100～150 克兑水 50 千克，喷洒植株中下部，每次每公顷喷洒药液 1 200～1 500 千克。

6. 化学催熟技术　油菜植株各分枝部位角果成熟时间不同步，往往主茎角果成熟后，分枝角果还未完全成熟，分枝发育成熟，主茎角果已干枯，影响产量和品质。在油菜机械化收获前采用化学催熟技术，促进油菜角果成熟一致，减少茎秆和角果含水量，有利于降低机械收割油菜损失率，减轻机械收获时的负荷和机具的堵塞，提高作业效率，并对提高油菜籽产量和品质具有积极作用。

7. 机械化分段联合收获技术　机械化收获方式分为联合收获和分段收获，联合收获的油菜籽粒后熟作用小，85%～90%籽粒呈黑褐色时为机械收获适宜的时期，并且宜在早晨或傍晚收获。油菜分段收获时，70%～80%的角果呈黄绿色至淡黄，主序角果已转黄色，分枝角果基本褪色，种皮由绿色转为红褐色，种子含水量 35%～40%，即相当于"八成熟"，割晒后 5～7 天，种子含水量降至 12%～15%，采用捡拾机捡拾脱粒。

第二节 山地油菜机械化播栽技术

一、油菜机械化播种技术

我国油菜生产素以精耕细作而闻名于世,丘陵山地油菜种植主要以传统手工作业为主,即依靠人工撒播或人工育苗移栽来完成,这种种植方式工序烦琐、内容复杂、劳动强度大、生产效率低、劳动时间长,导致油菜种植的比较效益低。

受丘陵地区现状制约,采用手扶拖拉机配套油菜直播机作业是解决该区域油菜播种问题的主要途径,目前市场上比较常见的几种油菜直播机主要是在旋耕机产品的基础上进行结构改进而来,下面就其主要工作原理进行介绍。

1. 油菜直播机 油菜直播机工作原理:田间作业时,旋切动力通过手扶拖拉机底盘的倒Ⅰ挡齿轮和油菜直播机内的传动机构带动旋切刀辊旋转,旋切刀辊旋切土壤并将土块破碎后,以后抛角抛向后方,在挡土板的作用下,大部分后抛土被挡下与残留土层形成种床,紧随其后的播种开沟器在种床上划出一条浅沟;同时,固定在拖拉机驱动半轴上的传动链轮通过链传动带动排种轴旋转,油菜种子经排种管落入各行沟内,由镇压轮的作用将沟壁土壤推动滑移而覆盖及镇压,完成播种作业。目前市场上较常见的几种直播机型号见表6-1。

表6-1 国内几种典型手扶配套油菜直播机

型号	产品名称	生产企业或研究院所
2BY-3/4	油菜播种机	农业农村部南京农业机械化研究所
2BFQ-4B	油菜精量联合直播机	华中农业大学、武汉黄鹤拖拉机制造有限公司
2BF-4Y	油菜直播机	江苏盐城恒昌集团

（续）

型号	产品名称	生产企业或研究院所
2BGY-4	油菜直播机	江苏沃野机械制造有限公司
2BYF-6B	油菜免耕直播 联合播种机	湖南农业大学、现代农装株洲 联合收割机有限公司
2BGF-6B	油菜施肥播种机	江苏欣田机械制造有限公司

2. 无人机油菜撒播机　在部分不宜机械化作业的丘陵山地，可采用油菜飞播技术。利用油菜直播机，每天能够播种 40 亩，而利用无人机播种，平均 1 小时可播种 100 亩，1 天播种可达 800 亩左右，工作效率是人工的 50 倍。是旋耕条播机的 20 倍，除了效率高，无人机飞播还具有种子撒播均匀等优点。

二、油菜机械化移栽技术

油菜移栽机是按照农艺要求的株距、行距和深度将油菜秧苗栽植到旱地的机械。目前，国内的油菜移栽机均是由旱地蔬菜移栽机改进而成。传统采用裸苗育苗方式，适合油菜裸苗移栽的机型是链条钳夹式移栽机。另外，还有借鉴水稻插秧机原理开发的油菜毯状苗移栽机，因栽植效率高、土壤适应性强而得到了广泛应用。

1. 链条钳夹式油菜移栽机　链条钳夹式移栽机工作原理：链条钳夹式移栽机是把苗夹安装在链条上，苗夹运动到上方时自动打开，人工将秧苗放入苗夹，然后苗夹在导轨作用下将秧苗夹住向下运动。到达接近地表位置时，秧苗恰好垂直于地面，苗夹张开将秧苗放入栽植沟内。这种形式的移栽株距取决于 2 个苗夹之间的链条长度和链条的运动速度。目前应用较广的机型主要是南通富来威农业装备有限公司生产的 2ZQ 型油菜移栽机（图 6-1）。

2. 油菜毯状苗移栽机　现有的国内外移栽装备均不适应稻茬田油菜移栽要求，主要存在两大问题：一是对黏重土壤、秸秆

图 6-1　富来威 2ZQ 型油菜移栽机

还田的田间条件不适应；二是移栽机作业效率低，替代人工效果不明显。农业农村部南京农业机械化研究所联合扬州大学针对油菜移栽技术的发展瓶颈，创新提出了油菜毯状苗机械化移栽技术，创制了 2ZY-6 型油菜毯状苗移栽机（图 6-2）。

图 6-2　油菜毯状苗（左）和 2ZY-6 型油菜毯状苗移栽机（右）

（1）油菜毯状苗移栽机技术优势。

①移栽效率高。机械化切块取苗对缝插栽方式，移栽频率可达到 300 株／（行·分），整机作业效率每小时 6～8 亩，是人工移栽的 60～80 倍，是现有链条钳夹式移栽机的 13 倍。

②移栽产量高。毯状苗移栽油菜因为苗龄 30 天以上，弥补了因茬口推迟所造成的生育期的不足，带土移栽易活棵、缓苗期短，移栽密度达到 10 000 株／亩，具备很好的高产的条件，多地试验结果表明，毯状苗移栽比同期迟播油菜增产 30% 以上。

③综合经济效益好。毯状苗移栽机折旧成本、耗油成本、操

作人员人工成本合计约 50 元/亩，育苗材料及管理成本 70 元/亩，2 项合计 120 元/亩。育苗材料及管理成本 70 元/亩，减掉节省用种成本 25 元/亩，与机械直播相比实际增加育苗成本 45 元/亩，增加田间作业成本 10 元/亩，合计增加成本 55 元/亩。按照比同期直播油菜产量 130 千克/亩，增产 30% 计，增加 39 千克/亩，折算 195 元/亩，减掉增加的成本，每亩净增效益 140 元/亩。与人工移栽相比，产量持平，节省用工成本 200 元/亩。由此可见，该技术综合经济效益较好。

（2）毯状苗培育技术要点。

①床土配置。床土取肥沃无病虫的表层土壤，去除土壤中的石子、砖块和杂草，每盘床土加 45% 的三元复合肥 6～8 克，肥料和床土要混合均匀。床土亦可使用油菜毯状苗专用机制，或者两者混合配比使用。

②种子处理。播种前选晴天进行晒种，以提高种子发芽率。播种前用烯效唑、硫酸镁、氯化铁、硼酸、硫酸锌、硫酸锰混合液拌种，拌种要均匀。

③播种。选用规格育秧盘播种（宽 28 厘米×长 58 厘米），床土装盘前盘底铺满地膜，然后播种、盖土和摆盘。播种量控制在 800～1 000 粒/盘，床土装盘厚度不小于 2 厘米。

④肥水管理。播种至出苗阶段要保持表土层湿润，每天浇水 2～3 次；出苗后适当控水，以不发生萎蔫为宜；间隔 2～3 天用营养液浇 1 次；出苗期、1 叶 1 心期和 2 叶 1 心期分别施尿素 1 克/盘；移栽前 1 天施尿素 2 克/盘，水要浇足。

（3）移栽及田间管理技术要点。油菜毯状苗机械化移栽技术是采用化控技术培育高密度油菜毯状苗，利用配套的油菜毯状苗移栽机进行大田移栽作业，通过增加移栽密度、提高基肥比例、早施苗肥、冬前化控等措施促进机栽油菜早发，并形成壮苗越冬。具体的技术要求如下：

①移栽时间和移栽密度。适宜移栽时间为 9 月 20 日至 10 月 30 日。移栽密度为每亩 7 000～8 000 穴，每穴 2 株。作业时采用宽窄行移栽，宽行 60 厘米，窄行 30 厘米，边行 50～70 厘米，株距 16～18 厘米。

②机具准备。机具的调试和作业参照乘坐式水稻插秧机。移栽后，土壤墒情差时应及时灌水，等土壤吸足水后排除多余积水。

③肥料运筹。总体要求是施足基肥，早施苗肥，推迟施用薹肥。总施氮量控制在每亩 16～18 千克，基肥占总施氮量的 50% 左右，另外施磷肥和钾肥各 4～5 千克，硼砂 0.75～1 千克。苗肥在油菜移栽后（或移栽时）施用，占总施氮量的 20%。薹肥用量占总施氮量的 30%，在油菜落黄后施用（即在薹高 20～30 厘米前后，如前期生长旺，可到初花期施用），另外每亩施用磷、钾肥各 4～5 千克。

④田间管理。冬季田间管理要做好清沟、沟系配套工作。12 月上旬每亩喷施 15% 的多效唑 60～80 克，以促进油菜形成壮苗，提高菜苗的抗寒能力。

⑤病虫草害综合防治。病害以防菌核病为主，初花期和盛花期分 2 次进行防治。虫害以防蚜虫、菜青虫为主。杂草防除：一是土壤封闭，移栽前用乙草胺或金都乐进行土壤封闭处理；二是化除，单子叶杂草用精稳杀特或盖草能在杂草 3 叶期之前处理，双子叶杂草用高特克等防除。杂草化除在冬前完成，冬季人工清除田间杂草。

第三节　山地油菜机械化收获技术

一、油菜机械化收获概况

机械收获方式主要分为联合收获和分段收获（二次收获）2 种。联合收获由一台联合收获机一次完成切割、脱粒和清选作业，收获过程短，从个体农民的角度来看，具有省时、省心和省力的优点。联合收获比人工收割（或机械分段收获）推迟5天左右，在蜡熟期收获损失率最低，适收期缩短约40%，一般只有7天左右，限制了联合收获的作业面积，降低了联合收割机的利用率。现阶段种植制度多样性、品种的不适宜性、机器性能不完善、收获损失率高等都对联合收获形成制约。

分段收获把割晒与捡拾、脱粒、清选分成2个阶段完成，收获过程延长；但分段收获前只进行割晒，对油菜的成熟度及其一致性和株型等不敏感，因此，适应性强，适收期长，收获损失率不高于联合收获，比现阶段的联合收获平均损失率低。分段收获虽然需割晒机、捡拾脱粒机等多种机具来完成，但每个作业工序的作业效率比联合收获高；分段收获过程还可以采用与人工作业相结合的多种方式完成，如机器割晒、人工脱粒与清选，或人工割晒、机器脱粒与清选等组合形式，增强灵活性和实用性。我国北方收获期间雨水少，田面干爽，田块较大，进行分段收获具备很好自然条件；所种植的品种适收性较好，采用分段收获和联合收获都具有相对比较好的条件。试验表明，北方油菜采用分段收获具有生产效率高和适收期长的特点，有利于提高单机收获作业量，增加作业收入。

二、油菜分段收获装备

油菜分段收获装备主要包括油菜割晒机和油菜捡拾脱粒机。在丘陵山地，相对平整的地区或者经过宜机化改造的丘陵山地田块可采用履带式油菜割晒机、履带式油菜捡拾脱粒机收获。在特别小的田块可采用手扶式油菜割晒机割晒，后采用场地脱粒机脱粒收获方式。

1. 履带式油菜割晒机　履带式油菜割晒机适合于南方小面积移栽油菜割晒作业，与联合收获机底盘配套，主要由传动箱、横向输送机构、拨禾轮、竖割刀、分禾器、水平割刀、单带式输送器、摆环传动机构、机架、纵向输送机构等组成。油菜割后呈鱼鳞状铺放于田间，便于摊晒和后续捡拾作业。

割晒机如图6-3，机具与联合收获机底盘配套，采用全喂入联合收获机割台的挂接方式。作业时，动力由联合收获机动力输出，经摆环传动机构驱动水平割刀作往复运动，另外，动力输出通过传动箱驱动单带式输送器、横向输送机构、纵向输送机构运动。当联合收获机底盘带动割晒机在田间行进时，割晒机前方的油菜被水平割刀切割，在竖割刀的作用下，将收割区与待割区的分枝切断，达到分禾的目的。在拨禾轮的作用下，已割的油菜与未割的油菜分离，同时将已割的油菜推向割台，在单带式输送器的作用下，倒向割台的油菜向排禾口输送，在横向输送机构的往复作用下，油菜被拨离单带式输送器，在纵向输送机构的作用下，油菜呈成条鱼鳞状铺放于排禾口处。

图6-3 履带式油菜割晒机

2. 手扶式油菜割晒机 对于丘陵山地，田块小、与履带式联合收割机配套的割晒机工作幅宽受限、道路转运艰难，对于过小的田块或者梯田没有办法采用履带式联合收割机或者分段收获装备，可以选择手扶式油菜割晒机割晒后采用脱粒机脱粒（图6-4）。

图 6-4　手扶式油菜割晒机

3. 油菜捡拾脱粒机　国内油菜捡拾脱粒机主要有 2 种形式：第一种为专用的捡拾台与油菜联合收获机配套，作业时，将联合收获机割台拆下，更换成捡拾台即可作业；第二种形式为专用的捡拾台挂接在联合收获机割台前面即可实现作业。农业农村部南京农业机械化研究所研发的履带式油菜捡拾脱粒机（图 6-5）具有捡拾损失率低、捡拾作业流畅等性能优势，市场应用较广。

图 6-5　履带式油菜捡拾脱粒机

4. 油菜联合收获装备　现有的油菜联合收获机大多是以全

喂入式的稻麦联合收割机为基础改装而成，通过改装分禾器，安装侧边纵向切割装置，提高分禾质量；改进切割装置，割刀传动采用摆环机构代替曲柄连杆机构，以增加动刀杆驱动强度，减小振动；更换筛面，采用圆孔筛，降低含杂率；增加二次回收搅龙，设置杂余回收装置及杂余收集箱；加密栅格式凹板筛，调整脱粒滚筒与凹板的间隙等方法实现油菜联合收获。国内对油菜联合收获机的研究主要集中在脱粒清选装置、割台的参数与结构。油菜联合收获机性能不断提高，特别是近年来采用纵轴流滚筒、双横轴流滚筒技术，使得脱粒清选损失较大幅度降低，割台经过一系列的改进，损失率也得到有效控制。典型油菜联合收获机见图6-6所示。多种型号参数见表6-2。

图6-6 典型油菜联合收获机

表6-2 油菜联合收获机备选机型及其参数

参数	上海向明 4LZ（Y）-1.5	江苏沃得 4LZ-2.0	江苏沃得 4LZ-3.0	碧浪200
割幅（米）	1.8	2.0（双层割刀）	1.6或1.8	1.6～1.8
喂入量（千克/秒）	1.5	1.0～2.0	1.6	1.8
整机重量（千克）	2 000	2 400	2 500	2 200
发动机功率（千瓦）	32.4	29.4	56	31.5
损失率（%）	8.2	9.2	8.3	8.0

三、油菜收获时期选择

在油菜机械化收获过程中，掌握适宜的收获时期，对减少收获损失，有很大的作用。由于采用的收获方式不同，适宜的收获时期也不相同。以油菜籽含水量来判断，采用分段收获时，割晒宜在种子含水量为35％～40％进行，在种子含水量为12％～15％时捡拾为好。联合收获宜在种子含水量为15％～20％进行，含水量过低，损失严重。从油菜角果的颜色上判断，油菜分段收获的最适时期是在全株有70％～80％的角果呈黄绿至淡黄色，这时主序角果已转黄色，分枝角果基本褪色，种皮也由绿色转为红褐色，割晒后后熟5～7天，在早晚有露水时或在阴天捡拾脱粒。联合收获应在油菜转入完熟阶段，植株、角果中含水量下降，冠层略微抬起时进行最好，并宜在早晨或傍晚进行收获。

第四节　山地油菜植保机械

植保即植物保护，广义上说，是指保护植物在生长过程中免受病、虫、草害等的影响，以及调节、促进植物正常生长（叶面追肥等）的一切活动。植保机械的分类方法，一般按所用的动力可分为：人力（手动）植保机械、畜力植保机械、小动力植保机械、拖拉机配套植保机械、自走式植保机械、悬挂式和牵引式植保机械及航空植保机械。按照施用化学药剂的方法可分为：喷雾机、喷粉机、土壤处理机、种子处理机、撒颗粒机等。

一、喷雾机

适用于山地植保的喷雾机主要是担架移动式机动喷雾机（图6-7），其特点是体积小，采用液压喷雾，喷雾压力高，射程远，工效高，但在缺水地段使用困难。

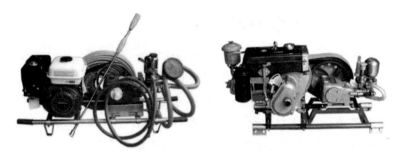

图 6-7　担架移动式机动喷雾机

1. 结构组成　担架移动式机动喷雾机主要由动力和喷雾 2 部分组成，其中动力部分采用 1E65F 汽油机或 3～4 马力柴油机，喷雾部分由三缸活塞泵（加压）、空气室（稳压）、调压器（调压）、混药器（混药）、喷射部件（雾化）等部件组成。

2. 工作原理　在内燃机的带动下，三缸活塞泵经吸水滤网、吸水管将水吸入加压，并送至空气室稳压。再经过调压器调压后，具有一定压力的水通过截止阀，进入混药器。混药器利用射流原理将从吸药滤网、吸药管吸入的农药母液和水均匀混合。药液通过输液管输送到喷射部件，由喷射部件雾化，喷洒在作物上。

二、背负移动式弥雾机

背负移动式弥雾机具有结构简单，使用方便，工效高，雾滴细而均匀，一机多用，能喷雾、喷粉和喷烟等优点，还能进行超低量喷雾。

1. 结构组成　背负移动式弥雾机主要由背负架、汽油机、离心风机、药液箱和喷射部件等组成（如图 6-8）。

2. 工作原理　工作时，由离心风机产生的高速气流，经风机出口进入风管，同时引出少量气流，经进风管进入药液箱顶部，对药箱内的药液施加一定压力。药液在风压的作用下，经开

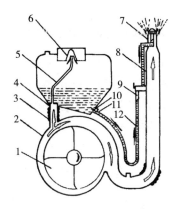

图 6 - 8　弥雾机及弥雾原理

1. 风机叶轮；2. 风机外壳；3. 进风门；4. 进气塞；5. 软管；6. 滤网；7. 喷嘴；
8. 喷管；9. 开关；10. 粉门；11. 出水塞接头；12. 输液管

关流向喷头。喷出的药液细流在喷嘴高速气流的冲击下，粉碎成
细雾并吹送到作物上。

三、植保无人机

植保无人机飞控相对于消费级无人机飞控来说，各项技术要
求更严苛：具备稳定性强，环境适应性良好；按航路行径中保持
相对作物高度不变；抗磁干扰性能高；对障碍物进行自动规避；
飞控能根据地面站规划好的航线进行自主巡航；地面站可以实现
一对多，即一站多机，以更少的人手实现更高的效率，其具有精
准、高效、智能等特点。

植保无人机控制系统包括无人机植保综合管理模块、高度控
制子模块、航路导航控制子模块、喷洒控制子模块，植保无人机
飞控和一般无人机飞控不同，其行业应用特性决定了它应具有以
下功能。

1. 自主飞行　支持全程自主飞行，可根据预先测绘的航线
与设置的飞行参数，实现一键起飞，按照预定航线自动飞行以及

自动降落，不需摇杆操作。

2. 精准喷洒 针对不同作物和作业环境，设定飞行速度和喷洒流量，确保精准喷洒，亩用量恒定，并支持避障停喷、断点续喷。

3. 智能规划 支持不规则地块的快速测绘，自动完成航线规划，并根据作业需求，预设飞行和喷洒参数。航线规划的主要目标是依据地形信息和执行任务的环境条件信息，综合考虑无人机的性能、到达时间、耗能、药液以及飞行区域等约束条件，为无人机规划出一条或多条自出发点到目标点的最优或次优航迹，保证无人机高效、圆满地完成飞行任务。

4. 安全稳定 采用工业级元器件、传感器，耐极端环境。支持热插拔、宽电压输入，内置 UPS（不间断电源）断电记忆。多项备份冗余设计，确保系统安全、稳定飞行。

5. RTK（实时动态）**高精度定位** RTK 定位技术为农田测绘、无人机飞行提供厘米级的高精度定位，同时具有强大的抗磁干扰能力，保障无人机在高压线、矿区等强磁干扰环境下也能稳定飞行。

6. 航线避障 提供基于 GNSS（全球导航卫星系统）RTK 精确定位的航线避障功能，可在测绘阶段标识出障碍物，并自动生成避障航线，保证飞行安全。

7. 双链路传输 无人机、A2 智能手持终端与云端信息相互连通，在为大片农田进行超视距作业时，A2 智能手持终端能与云端通信，实时查看飞行器的飞行和喷洒参数，实现远程监控。

8. 农田扫边 针对形状复杂的农田边界，提供基于 GNSS RTK 精准定位的自动扫边功能，保证作业效果，不需人工补扫。

目前国内适宜植保作业的无人机品牌较多，已有大疆、极飞、全丰等多家有实力的植保无人机企业。部分企业植保无人机见图 6-9 至图 6-12，目前国内典型植保无人机性能参数对比如表 6-3 所示。

表6-3　国内典型植保无人机性能参数对比

序号	公司名称	无人机型号	轴翼	动力源	整机净重（千克）	荷载（千克）	飞机尺寸（毫米）	作业高度（米）	作业速度（米/秒）	喷洒效率（亩/分）	单次作业时间（分）	续航时间（分）	喷幅（米）
1	安阳全丰航空植保科技有限公司	3WQF80-10	单翼	汽油发动机	20（满油）	10	2 140×550×760	2~6	0~6	1~2	10	10~20	2~4
2	安阳全丰航空植保科技有限公司	3WQF125-16	单翼	汽油发动机	20（满油）	16	2 350×670×700	2~5	0~6	1~2	20	30~40	4~6
3	安阳全丰航空植保科技有限公司	3WQF294-35	单翼	汽油发动机	85（满油）	35	2 140×550×760	2~6	0~6	3~5	20	30~120	4~8
4	深圳市大疆创新科技有限公司	T30	多翼	电池	26.4（不含电池）	30	2 858×2 685×790	—	0~7	4	—	—	4~9
5	深圳市大疆创新科技有限公司	T10	多翼	电池	12.2（不含电池）	10	1 958×1 833×553	—	0~7	1.6	—	—	3~5.5

（续）

序号	公司名称	无人机型号	轴翼	动力源	整机净重（千克）	荷载（千克）	飞机尺寸（毫米）	作业高度（米）	作业速度（米/秒）	喷洒效率（亩/分）	单次作业时间（分）	续航时间（分）	喷幅（米）
6	深圳市大疆创新科技有限公司	T20	多翼	电池	21.1（不含电池）	20	2 509×2 213×732	—	0~7	3	—	—	4~7
7	广州极飞科技有限公司	V40	4翼	电池	20	24	2 795×828×731	—	0~7	—	11	—	5~10
8	广州极飞科技有限公司	P30	4翼	电池	15	15	1 945×1 945×440	1~20	0~8	1.3	12	—	3.5
9	广州极飞科技有限公司	P20	4翼	电池	13	10	1 831×1 831×472	1~20	0~8	1	12	—	3

图6-9 极飞V40植保无人机

图6-10 极飞P40植保无人机

图6-11 大疆MG1植保无人机

图6-12 翔农TXA R-16Z
植保无人机

第五节 丘陵山区宜机化改造技术

目前,丘陵山区是我国农业机械化发展的薄弱区域,是制约我国农业全面实现机械化的瓶颈所在,《国务院关于加快推进农业机械化和农机装备产业转型升级的指导意见》中明确提出"加快补齐丘陵山区农业机械化基础条件薄弱的短板",并指出重点支持丘陵山区开展农田"宜机化"改造。近年来,一些地方通过开展农田宜机化改造,推动农田地块小并大、短并长、陡变平、弯变直和互联互通,切实改善农机通行和作业条件,提高农机适应性,为加快丘陵山区农业机械化发展创造了良好条件。

拥有配套的农田基础设施是开展农业机械化作业的先决条件。应充分考虑丘陵山区地形地貌、田块道路条件及当地经济发展状况，根据农业发展规划，整合各种资源，探索出适应当地的科学合理的农业机械化发展模式。加快丘陵山区的农田整合，按照"田块平整有肥力、田间沟渠畅通、道路交通便利、优质高产高效"的要求，结合丘陵山区田块实际情况，改造中低产田块，建成优质农田，从而为农业机械化创造条件。

一、宜机化改造主要内容

1. 建设内容

（1）连通地块。通过消坎、填沟、搭接等方式，完善田间耕作道，连通地块，实现地块与耕作道、耕作道与外部路网互联互通，满足农业机械作业和进出通行需要。耕作道以土质为主，做到通道与耕地灵活转换。

（2）消除死角。对半岛、交错等影响农业机械作业的异形地块，采用截弯取直和上下左右归并方式整治，实现地块顺直。

（3）并小为大。对走向相同、高差相近的地块进行并整，实现小变大、零变整。

（4）优化布局。遵循条带状布局原则，尽量延伸农机作业线路，以利连续作业。

（5）贯通沟渠。根据规划设计的汇水走向，合理设置主沟、背沟和围沟。深开主沟、背沟和围沟，在汇水面的制高线处开挖截洪沟，少开厢沟支沟，做到沟渠河互联互通；沟的类型以明沟为主，在农机跨越处适当设暗沟（渗滤管）；沟的材质断面以土质为主，局部硬质化；沟的功能以排为主，局部排灌兼用。

（6）培肥土壤。土地整治成形后，通过深松、旋耕等农业机械化措施，均匀搅拌生熟土，配套机械化绿肥种植、秸秆还田、粪肥还田提升土壤有机质。

（7）生态防护。保持水土，坚持植被全覆盖，对改造后的边坡、田埂、耕作通道等非耕作空间种植多年生草本或木本饲

（肥）料植物，对大于 25°的陡坡地保留现有乔灌木。

2. 改造技术要点

（1）缓坡化改造技术要点。对坡度 10°以下、坡向相同的连片地块进行缓坡化改造设计，对上下落差 60 厘米以下的相邻地块进行并整，对地块内土壤高低不平的区域进行小半径消散整平，合理布局耕作道与沟渠，改造后达到单个耕作板块无明显低洼现象。完善田间运输道路和作业机耕道，运输道路宽度为 4～5 米，作业机耕道宽度为 2.5～3 米，下田坡道宽度为 2.5～3 米，达到地块与机耕道相通，机耕道与运输道路相通，运输道路与外部路网相通。缓坡化改造地块作条带状或片状布局，土壤层深度为 60 厘米以上，单个地块形成纵向或横向坡度，以农机行进路线为参照，地块纵向坡降小于 10%，横向坡降小于 3%，极个别地块的极限纵向坡降不超过 20%。缓坡旱地排水沟施工要求：合理布局背沟、围边沟、厢沟、排水沟和排水涵管，背沟与围边沟深度为 30～80 厘米、宽度 30～110 厘米，厢沟与排水沟深度为 50～100 厘米、宽度为 60～110 厘米。坡度较缓地块宜开深沟，坡度较大地块宜开浅沟，以 V 形沟或 U 形沟为主，地块内具通行与排水功能兼备的横向宽浅沟为辅。

（2）梯台宜机化改造技术要点。对坡度在 10°～25°的地块依据地形进行阶梯状水平或展线式梯台改造，对单个地块表层土壤高低不平的区域进行小范围消散整平，摊铺后的土壤深度达 60 厘米以上（含基岩破碎层在内），摊铺后的土壤深度符合当地农艺要求，单个地块内横向坡降小于 3%，纵向坡降小于 10%；完善田间运输道路和作业机耕道，运输道路宽度为 3.5～5 米，田间作业机耕道宽度为 2.5～3 米，搭建台式地块衔接通道，通道宽度为 2.5～3 米，改造后要达到地块与作业机耕道相通，机耕道与运输道路相通，运输道路与外部路网相通；松土堆填的背坎用挖机进行夯实后刷坡，背坎坡度坡比为 1∶（0.3～0.7）；理顺水系，合理布局背沟、排水沟和排水涵管，背沟深度为20～60厘米，宽度30～80厘米，因地制宜，采取以 V 形沟或 U 形沟布局，单个地块内无明显低洼现象，主次沟系之间形成适当高度落差。

二、宜机化改造效果

近些年在多个丘陵山地地区进行了宜机化改造试点，通过宜机化改造技术进行了土地整理，设置机耕道路，适宜中小型农机具机械化作业。改造效果如图 6-13 和图 6-14 所示。

改造前　　　　　　　　　　　改造后

图 6-13　改造前后对比（重庆市）

改造前　　　　　　　　　　　改造后

图 6-14　梯田改造前后对比（山西省灵石县）

第七章　山地油菜防灾减灾技术

第一节　山地油菜旱灾及防治技术

一、旱灾概述

干旱是全球性自然灾害之一。降水不足引起的气象干旱是导致农业干旱的根本因素。农业干旱是指农业生产过程中，因降水不足，致使农业生产活动如土地水分管理、作物生长与发育等受到影响的一种自然现象。近年来，我国干旱灾害频发，不仅在北方固有干旱地区，而且长江流域也时常遭受极为严重的干旱灾害。以长江流域四川省、湖北省和安徽省，黄淮流域山西省和北方地区内蒙古自治区为例，除少数年份和地区外，干旱受灾面积均超过了 1 500 万公顷以上，部分年份和地区旱灾面积的占比高达 80％以上。干旱严重影响了农作物的收成。如安徽省 2019 年因旱灾造成农作物绝收的面积占比达到了 94.02％。由此可见，农业干旱是农作物包括油菜在内的极为重要的影响产量的自然性灾害之一。

二、山地油菜旱灾发生特点

油菜生育期较长。长江流域冬播油菜一般 10 月初播种，至翌年 5 月收获；北方春播油菜一般 4 月播种，8 月收获。然而，不论冬油菜还是春油菜，在芽期和苗期等发育阶段均处于更易发干旱的月份，其中，尤以冬油菜在水分临界期受干旱影响较重（图 7-1）。干旱的发生不仅大幅减少了油菜籽的产量，同时也严重制约了油菜耕地的扩大，极大地限制了油菜产业的发展。山地油菜在生长过程中，各阶段均容易发生旱灾，其旱灾发生具有以下多个特点。

图7-1 干旱对油菜出苗（左）和生长（右）的影响

（1）山地油菜以雨养为主。一般而言，山地油菜主要分布于山区，相比于平原地区，存在着土壤肥力低、灌溉条件差等重要限制因子，全生育期甚至无灌溉条件。尽管部分地区修建水库，但是一方面水库的存水量受水库的容积以及自然降水量的影响，另一方面由于许多山地地形并非像平原地区那样平整，灌溉设施的架构成本和难度极大，因此，仅有少部分条件相对较好的地区拥有灌溉设施。

（2）山地油菜旱灾的发生贯穿于整个生育期。山地油菜干旱灾害的发生在油菜播种期、苗期、蕾薹期、花期和结角期均可发生。干旱的形成依赖于多维度，如气候因素、地理因素、地域因素等。但无论何种因素引起的干旱，均会对油菜的生长发育产生较大的影响。

三、干旱对山地油菜生长发育的影响

1. 播种期干旱对山地油菜的影响　播期干旱对油菜后期生长发育具有重要影响。在播种期间，发生干旱对油菜影响最大的是发芽。与其他作物种子一样，油菜发芽需要一定的水分。在此阶段发生旱灾，导致油菜发芽不足而造成成苗率降低，后期油菜群体减少，产量受损。若在种子萌发期含有适量水分，但随后发生干旱则容易产生2种现象：第一，在干旱前部分油菜苗发芽生长，干旱后，土壤中的油菜种子后期发芽，导致大小苗严重，影响产量；第二，前期油菜种子在适宜含水量下胚根露白后，假如遇到高温干旱，则造成这部分油菜苗死亡，从而影响油菜群体结构和产量。

2. 苗期干旱对山地油菜的影响　山地油菜苗期对水分的日需求量虽然相对较少，但是由于苗期周期长的特点，该阶段的总体水分需求量很大。山地油菜苗期遇到干旱，会使油菜幼苗植株矮小瘦弱，生长活力低，成活率降低，进而造成单位面积油菜株数、单株分枝数减少，严重制约了油菜产量的形成。

3. 薹花期干旱对山地油菜的影响　油菜薹花期是油菜生殖生长的初始阶段，这一阶段油菜的营养生长和生殖生长均较为旺盛，根茎叶、花枝蕾薹在这一阶段同时生长，对水分的需求量也日益增加，薹花期缺水，不仅会制约油菜植株的生长，引起叶片气孔关闭，降低光合作用，在严重影响油菜薹的发育和品质形成的同时，也会引起花芽分化数量的大幅减少，进而造成花而不实，结角率低下，单株角果数、粒数下降，千粒重下降，菜籽产量显著下降。

4. 结角成熟期干旱对山地油菜的影响　该阶段是油菜终花至油菜角果及籽粒发育成熟的一段时期，是角果发育、种子长成、油分积累的过程。油菜籽的品质主要是由脂肪和蛋白质组成，成熟的油菜籽中脂肪的含量为30％～50％，蛋白质含量为20％～30％，而油菜籽中40％的干物质是由角果皮的光合作用产物转化形成。此阶段若遇干旱发生，则会显著影响油菜角果的形成和发育，进而减少油菜的单荚粒数和千粒重，菜籽中的油脂含量也会显著下降，菜籽品质建成受到严重制约。

四、山地油菜干旱综合防治技术

干旱作为最主要的限制农作物生长和产量形成的气候因子，严重阻碍了我国农业的持续健康发展。油菜是我国主要的油料作物之一，必须加强油菜的耐旱抗旱技术研究，并针对干旱灾害，积极研究相应措施进行防范，目前主要的应对措施如下。

（1）抢墒播种，深塘播种。对于易受冻害的高海拔区域和低凹地带，于 10 月 10—15 日播种为宜，在冻害较轻的向阳旱地可适当提前播种，于 9 月 25 日左右播种为宜，适当早播能有效利用土壤水分和 10 月上中旬的温度和日照，达到早出苗，快生长，使油菜在冬前构建较庞大的根系群，提高油菜根系取水保水能力，提高耐旱性。同时，若遇秋旱天气，也可适当增加播种量，保证出苗量，减小因干旱导致的出苗率低下、幼苗成活率低等引起的油菜减产。同时采取塘深 12 厘米、塘宽 15～18 厘米的深塘播种方式，可使油菜根系扎在土壤深层，提高根冠比，增加油菜对水分的吸收能力。

（2）适当稀植。即行距 50～55 厘米、塘距 35～40 厘米，适当稀植可增加油菜个体对水分和养分的吸收面积，促进油菜健壮生长，并增加油菜体内糖分等渗透调节物质的积累，进而增强抗旱能力。

（3）中耕松土，稻草覆盖保墒。中耕松土主要是为了切断土壤表层毛孔隙，从而抑制其水分的蒸发，结合施薹肥进行中耕锄草松土盖肥，能提高肥料利用率。在条件和劳动力允许的地段，于油菜移栽或直播后，在厢面可进行稻草覆盖处理，以此减轻土壤水分向大气层的蒸发，保证土壤的水分含量。

（4）查苗补苗。对于已经受到旱灾的油菜种植区，应及时进行查苗补苗工作，保证足量的油菜成苗数量。并及时去除老叶黄叶，减少无效的水分蒸发浪费。

（5）适时喷洒调节剂，及时追肥，加强病虫害防治。油菜叶面喷洒稀释 1 000 倍的黄腐酸液可提高油菜植株的抗旱能力。若油菜长势较旺，为了及时防止接下来的干旱天气，可亩施兑水 50 千克的 15% 多效唑可湿性粉剂 50 克左右，叶面喷施，以此抑制油菜徒长，减少水分蒸发，从而提高抗旱能力。并及时追施叶面肥，减小干旱导致的土壤养分吸收困难对油菜生长发育造成的影响。同时，干旱条件也极利于病虫害的发生，加强对油菜蚜虫、菜青虫以及各种病毒病的防控也是应对减产等不良影响的有效措施。

（6）加强耐旱抗旱油菜品种选育，及耐旱鉴定研究。鉴于山地地形复杂、机械化、农业设施难普及的特点，进行耐旱抗旱油菜新品种的选育和推广是山地地区应对气候灾害最有效的方法。依据当地山区的气候和土壤特点，明确育种目标，针对性选择相应的耐旱鉴定指标，是未来山地油菜耐旱抗旱研究的主要内容。

第二节　山地油菜寒害及防治技术

一、寒害概述

寒害包括冷害和冻害（包括倒春寒），是指低温对作物正常生长发育造成的不良影响和危害。其中，将作物因 0℃ 以上的低温而造成的生理损害称为"冷害"，而将作物在 0℃ 以下，因组织脱水结冰所造成的损伤称为"冻害"。倒春寒是指在春季天气逐渐回暖的过程中，因冷空气侵袭，气温骤然下降而对作物造成伤害的天气。

我国目前种植的油菜中有近 90% 为冬油菜，以长江流域种植的冬油菜面积最为广泛，占我国油菜总种植面积的 80% 以上，总产占比可达 83.5%。油菜越冬期遇寒害尤其是冻害是长江流域冬油菜的主要灾害。近来，尽管全球气候有变暖趋势，但异常天气如冬季严寒、倒春寒等极端天气也时常发生，在油菜逐步适应升温之后的气温骤降，对其内部组织和结构造成的损害甚至更为严重，进而造成油菜减产，甚至绝收。如 2008 年南方极端低温天气，造成南方超 20 个省份的冬油菜产区受灾，受灾面积近全国冬油菜种植面积的 80%。根据我国近 50 年的低温寒害发生规律，我国每 5～7 年就会发生一次大范围、长时间的严重低温气象灾害，且灾害程度越来越大。低温寒害俨然已经成为制约我国油菜产业发展最严重的气象因素之一。

二、山地油菜寒害发生特点

山地油菜主要分布于我国的南方山区，是马铃薯、玉米和烤烟的主要后续作物。且由于存在劳动力不足、土壤肥力差且不均、山地油菜全生育期缺乏灌溉条件、农业设施难覆盖等特点，有着"收多收少在于天"的说法。这也就导致山地油菜难以开展寒害的预防以及寒害后的补救，其中，以高海拔和低凹地带等易发生冷冻害的区域更为严峻。也因此，山地油菜对播期的选择更为严苛，播种过早，油菜苗过早通过春化，易在冬季或早春抽薹开花，且油菜的蕾薹耐低温的能力弱，当寒潮来袭时，受害严重的会造成蕾薹萎缩，甚至折断，严重影响油菜后续的生殖生长；而播种过晚，越冬时，油菜苗瘦弱矮小，抗寒性差，更容易发生严重的寒害。

三、寒害对山地油菜生长发育的影响

1. 冻害　油菜冻害的表现分为地上部和地下部，地上部冻害主要表现在叶片、茎、蕾薹和幼角果（图 7-2），而地下部冻害主要为苗期根拔现象。

油菜叶片受冻害的现象较为普遍，当外界气温下降到 -3℃以下时，油菜叶片细胞间隙及胞内水分受冻结冰，水分供应失

  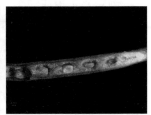

苗期大面积冻害　　　　受冻害后茎秆开裂　　　　籽粒发育停滞

图 7-2　油菜冻害状

衡，具体表现为油菜叶片发紫或枯黄，轻则出现水烫状萎缩，叶片凹凸不平，严重的则会导致叶片受冻脱水死亡。

油菜茎段冻害则主要发生在生长过旺的田块，此阶段由于处于油菜发育早期，茎段较嫩，受冻后则会导致缩茎髓部坏死，具体表现为茎秆折断，严重者导致死苗发生。

蕾薹受冻现象也主要发生在氮肥用量过多、植株生长过旺的田块。蕾薹耐低温能力较弱，遇 0℃ 以下的低温就可能造成冻害，初期表现为水烫状，菜薹弯曲下垂，茎秆纵裂，受冻程度轻的油菜可逐步恢复生长，但也易发生结实不良、分段结实等现象，而程度重的则会断折死亡。

油菜根部受冻，扎根较浅或弱小的幼苗遇 -5℃ 以下低温时，由于土壤水分凝结，体积增大，从而导致土层上抬，油菜根系被拔断；或昼融夜冻，土壤下陷，均会造成根部被折断的现象，严重影响油菜根部水分和养分的吸收，虽地上部仍为绿色，但地下部已然死亡，此时再遇冷风日晒，则会导致大面积死苗发生。

2. 冷害以及倒春寒　油菜冷害主要表现为 3 种类型：一是延迟型，表现为油菜生育期的显著推迟；二是障碍型，表现为蕾薹花发育受阻，导致授粉和结实障碍；三是混合发生型，即以上两种冷害结合发生，表现为叶片变黄，萎蔫皱缩，出现死斑，以及薹花发育受害等现象。

倒春寒是指在油菜开花期阶段，长江中下游常出现的低温寒潮现象。油菜最适宜的开花温度为 12～20℃。若倒春寒来袭，温度下降至 10℃ 以下时，就会显著减少油菜的开花数量；而下降至 5℃ 以下时，则不开花，正在开花的花朵也会成片脱落，幼蕾也会变黄乃至脱落，开花不畅，散粉受阻，严重影响油菜的生殖生长，致阴荚率达 80％ 以上，产量建成受阻，平均减产10％～20％，严重者甚至高达 30％以上。

四、山地油菜寒害综合防治措施

近年来，随着油菜种植结构和种植制度的变化，油菜北移以及种植在丘陵山地等均对油菜的耐寒、抗寒和防寒提出了更高的要求，如何保证油菜安全越冬已经成为油菜栽培与育种研究的重要方向。目前，山地油菜的主要防寒抗寒措施主要如下。

1. 适时播种与施肥　依据当地不同的气候特征及地形地貌，恰当地调整合理的播种时间与施肥量，是保证油菜安全越冬的首要措施。播种过早会形成旺苗，致使蕾薹花遇冷冻害，而过晚则会导致幼苗弱小，抗寒能力差。在油菜苗期要氮肥早施，促进其健壮生长，对长势好的田块，要注意增加磷、钾肥的施用，减少氮肥用量；长势较差的田块，要做到肥料精施，确保养分供给，培育壮苗。同时，于越冬前宜重施腊肥，如土杂肥、圈肥、人粪尿等，有助于提高土壤温度 2～3℃，起到保暖防寒的效果。

2. 朝阳沟移栽与中耕培土　旱地可推广采用朝阳沟移栽法，南北向起畦，东西向开沟，并将油菜移栽在向阳的一面，这种方法易使油菜早发、冬壮、抗寒耐寒能力提高。中耕培土，同时结合施腊肥的措施，有助于土壤疏松，并增加根系土层，对油菜根系防寒保暖起到良好的效果。但在松土过程中应注意不要伤到油菜根系。培土的高度以至基部第一片叶为宜，这样不仅可起到疏松土壤的作用，也可保护根部并起到土壤保温的效果。

3. 覆盖防寒　在寒潮来袭前或入冬后，撒谷壳、稻草、麦糠或其他的农作物秸秆于油菜行间，这样可起到显著的保暖效果，相比未覆盖的田块，地温可提高 2～4℃；或将稻草等覆盖在油菜幼苗之上，以起到防寒保暖的作用，寒潮过后气温回升，即可揭除。

4. 适时喷洒植物生长调节剂　对生长过旺的油菜植株，可叶面喷施多效唑水溶液，防止高脚苗，促进油菜植株健壮生长，提高抗寒能力。叶面喷洒生长调节剂时要注意喷洒均匀，做到不重不漏。

5. 及时摘薹，去除早花　油菜早薹不仅消耗大量的养分，同时也会使油菜植株抗寒耐寒能力减弱，不利于油菜的安全越冬。因此，在发现油菜早薹早花现象时应及时去除，可减轻油菜植株受冷冻害的程度。于晴天午时摘薹最佳，并及时施用速效肥，补偿油菜养分损失，以此促进其健壮生长，并提高油菜植株防寒抗寒能力。

6. 抗寒、耐寒油菜品种选育　油菜品种的耐寒、抗寒性是油菜能否安全越冬的重要因素之一，不同油菜品种的抗寒能力相差较大。因此，针对不同地区不同气候特征，选育适宜的油菜品种，从根源上提高油菜植株越冬能力，是减少低温灾害最直接有效的措施。

7. 油菜受冷冻灾害后应及时补救　遭受冻害的田块，田间沟渠堵塞，渍水损根，必须及时进行清沟，保护油菜根系，改善根系养分的吸收；并对受冻害的老叶、黄叶、蕾薹、花等器官进行摘除，同时及时追施蕾薹肥，补偿油菜的养分损失。此外，将稻草、麦糠等铺在油菜株行间，可起到保温增温的补救作用。油菜遭受冷冻害后，也极易引发病虫害，尤其是菌核病的发生，应及时叶面喷施多菌灵、菌核净等杀菌剂，严防病虫害发生造成的油菜进一步减产。

第三节　山地油菜渍害及防治技术

一、渍害概述

渍害也称湿害，是指土壤因水分过多，含水量饱和使得作物根系无法吸收氧气，从而对植物的生长发育产生危害。渍害是多雨水地区农田的常发灾害，在地势低、排水不畅的洼地更易产生涝渍灾害。渍害导致土壤氧气供应亏缺，致使根系有氧呼吸受抑，无氧呼吸启动，其产生的能量不仅无法供应植物正常的生长发育所需，还会造成养分浪费，同时无氧呼吸过程又会产生大量的次生代谢物如乙醇、乳酸、丙酮酸和乙醛等，对植物根系造成严重的毒害，根系发育受阻，氧气、水分、养分吸收供应不足，植株的光合作用无法正常进行，产量下降。据统计，目前全球湿涝耕地面积约占总面积的 10%，作物因湿涝灾害导致的减产最高可达 80%。

二、山地油菜渍害发生特点

长江流域作为我国油菜的主产区，也是世界上最大的油菜产区，因受季风气候的影响，降水充足，每年的 3—5 月，阴雨频发，而此时正值油菜生长的关键时节。山地油菜多分布于南方山区，地势起伏，低洼地带雨水沉积，更易引发涝渍灾害。且不同于玉米、水稻、小麦等农作物，油菜因通气组织缺乏，难以长时间抵御渍水胁迫，因此，也对涝渍灾害表现更为敏感，且常与病害相伴发生，引发油菜病变、灌浆不足、千粒重下降等，导致产量下降。据鄂、皖、苏 1961 年以来的气象灾害资料统计，每 1~2 年，该地区就会发生严重的湿渍灾害，其中，苏南大部、安徽西南部等地油菜春季湿渍害发生频率甚至超 80%，对油菜的产业发展已构成巨大威胁。

三、渍害对山地油菜生长发育的影响

1. 播种期渍害对山地油菜的影响 山地油菜播种期遭遇渍害，因土壤水分饱和，氧气缺失，极易使油菜种子产生病变，导致发芽率降低，或幼苗弱小；严重者可导致油菜种子窒息死亡，不发芽，对后续油菜的生长发育、产量形成造成严重损害。

2. 幼苗期渍害对山地油菜的影响 油菜在籽粒发育成苗过程中，若遇积水过多，导致氧气供应不足，会使幼苗根系因缺氧而导致养分吸收缓慢，此时幼苗会无新叶生长或新叶会呈现不健康的红色，且生长发育缓慢，而渍害严重者可能会导致幼苗根系腐烂，致使幼苗死亡（图7-3）。

苗期   蕾薹期

图7-3 不同生育期油菜发生渍害对生长的影响

3. 蕾薹期渍害对山地油菜的影响 油菜蕾薹期适逢冬春交接，此时温度回升，积雪融化而雨水频繁，极易发生渍害，倒春寒天气也常在这一阶段伴随发生，此时多会造成油菜叶片肥大而凹凸不平，茎秆易扁且发青，蕾薹位置低下，植株整体矮而粗，形成"封行早、出头晚、面相好、病害重、产量差"的现象。

4. 开花结角期渍害对山地油菜的影响 研究显示，油菜生长发育的各个阶段对渍害的敏感程度不同，其中以花期最为敏感。尤其是盛花期，若遇渍害，极易造成蕾果脱落，主花序缩

短，有效分枝数减少，同时角果发黄干瘪，衰老迅速，结实率降低，严重者会引起菌核病，造成油菜减产。

5. 成熟收获期渍害对山地油菜的影响　油菜角果成熟后应做到及时收获，否则遇连续阴雨天气，引发渍害，极易造成油菜倒伏，角果破裂，菜籽遇水易引发病变，严重影响菜籽产量和品质。

四、山地油菜渍害综合防治技术

1. 整地开沟　油菜地于播种前 5 天左右，每亩宜撒入 2 000 千克左右的腐熟农家肥，以及适量钙镁磷钾肥，翻耙 2～3 次，做到肥力均匀且疏松。低洼及稻田田块，应于翻耙前 15 天左右开沟排水，晾晒几日后再进行翻耕、整地和起畦。每块油菜田开沟宜宽、宜深，并做到沟沟相通。

2. 中耕培土和清沟排水　遇雨雪天气，田中存在积水后，应于晴天抢时中耕培土，耕锄要深且细，以利于土壤深层的水分蒸发，降低田间湿度，中耕过程中适当多施腐熟农家肥，可促进土壤团粒结构的形成，防止其板结，以此增强土壤的吸水保肥能力；对于积水严重的田块，可适当平铺一层干细土或草木灰以吸收多余水分。

3. 预防倒伏和病虫害　油菜遭遇渍害，根系发育畸形，且多数分布在表层，植株瘦弱，极易产生倒伏，因此，要及时进行培土，或每亩喷施兑水 50 千克的 15% 多效唑可湿性粉剂 50 克，防止油菜倒伏及进而引发的渍害次生灾害。渍害常发的油菜田块，由于土壤及田间湿度大，病虫害高发，应做到早防早治。当发现油菜发生霜霉病时，应及时于发病初期喷洒 1～2 次 500 倍 75% 的百菌清或 600 倍 36% 的霜脲氰-锰锌悬浮剂；当菌核病发生时，可在发病初期喷洒 1～2 次 1 000 倍的 40% 菌核净或 50% 乙烯菌核利可湿性粉剂；而在发现蚜虫时，应赶在若虫期喷洒

2 000倍稀释的10％吡蚜威可湿性粉剂或1 500 倍稀释的3％啶虫脒乳油进行及早防治，减少渍害及其次生灾害对油菜产量的影响。

4. 耐渍油菜品种选育　为了减轻渍害对油菜生长、产量和品质的影响，应依据当地的地形地势和气候选择适合的高耐高抗油菜品种，对于渍害敏感型油菜应少种或不种。杂交油菜和甘蓝型油菜相对更加耐湿渍，可对其重点选种，并通过栽培手段和育种技术进行高抗渍害油菜新品种选育，以此使油菜的种植区域向多雨水的山地低洼地带或凹地等地区的扩张，促进油菜产业发展。

第八章 山地油菜多功能
利用技术

油菜作为我国第一大油料作物，对我国食用油安全发挥了重要的保障作用。其中，山地油菜占我国油菜种植总面积的 1/3 以上，对我国油菜产业具有重要作用。但山地油菜受地形地貌影响，存在着机械化程度低、劳动成本高、经济效益差等问题。随着农村劳动力转移及进口油料冲击等因素的影响，我国山地油菜产业发展面临着巨大压力。充分发挥山地油菜的多功能性、加快山地油菜综合开发利用，是贯彻落实中共十九大提出的实施乡村振兴战略、满足人民群众对美好生活追求的客观要求，也是稳定山地油菜种植面积，提高种植效益，推动山地油菜产业转型升级的有效途径。近年来，在华中农业大学傅廷栋院士和中国农业科学院王汉中院士的带领下，油菜多功能开发利用发展迅速，除油用外，油菜的菜用、饲用、肥用、花用和蜜用等功能被不断开发利用，大大提升了油菜的种植效益，实现一二三产业的深度融合。通过研究、示范和实践，形成了多种利用模式，并建立了相应的生产技术模式。

第一节 菜油两用山地油菜生产技术

一、菜油两用生产技术概述

自古以来，我国就有食用油菜薹的习惯。《本草纲目》中记载"此菜易起薹，须采其薹食，则分枝必多，故名芸薹"，其性凉、味甘，入肝、脾、肺经，具有活血化瘀、解毒消肿、润肠通便、强身健体等功效。宋代诗人范成大所写《四时田园杂兴》"桑下春蔬绿满畦，菘心青嫩芥薹肥，溪头洗择店头卖，日暮裹盐沽酒归"，描述了当时油菜薹作为一种商品蔬菜进入市场交易的景象。

20 世纪 50 年代以前，种植的为传统农家品种，属于白菜型油菜，不能在兼顾采摘菜薹的同时，保证菜籽产量，故生产中未能大面积应用。随着双低甘蓝型油菜品种的选育及不断改良，油菜的菜用功能被逐步发掘，相应的栽培技术也不断完善。双低甘蓝型油菜薹营养价值高，口感清甜，既可炒熟后直接食用，也可冷冻保鲜或加工成脱水蔬菜，药食效果俱佳，深受人们的喜爱。石有明等（2009）研究表明，油菜薹的维生素 C 及钙、硒、锌等元素含量明显高于红菜薹，可溶性总糖、粗纤维等营养指标与红菜薹相当。

近年来，菜油两用模式在浙江、湖北、江苏、上海等长江流域主产区已普遍推广，相关技术已成熟。湖北省 2003 年开始进行菜油两用油菜的推广示范，2004 年生产面积即达到 3.3 万公顷。油菜能收获 1～2 次菜薹，每公顷产鲜菜薹 3 000～4 500 千克，鲜菜薹一般在春节前后上市，正好填补这个时节市场青蔬空缺（周燕，2010）。若按每千克 5 元计算，菜薹每公顷净收入 15 000～22 500 元，显著提高了油菜的种植效益。

二、山地油菜菜油两用栽培技术

山地油菜薹与常规油菜薹相比，其具有产地优势，山区优异的土壤、水源条件为生产有机、绿色、功能性油菜薹提供了先天性的优势，种植效益是常规油菜薹的 2 倍以上。长江流域油菜薹采收时间为 1 月底至 3 月上旬，采收期 30 天左右，正值低温季节，不需喷洒农药，适宜作为无公害蔬菜生产。在春节前后摘一次油菜薹，可解决春节前后蔬菜供应相对较紧张的问题，对产量没有影响甚至有增产作用，实现一种两收，产值一般为传统油菜种植的 2 倍，可大幅度提高油菜种植的经济效益，提高农户种植油菜的积极性（金小马，2008；方博云，2005；刘凤兰，2005；王燕，2008）。菜油两用栽培技术要点主要包括以下几点。

1. 品种选择　菜油两用栽培品种多选择营养期生长快、分枝能力强、休眠芽萌发速度快，中早熟、半冬性、生育期 200 天左右，摘薹后生育期延长不超过 3 天的"双低"甘蓝型油菜品种，如赣油杂 8 号、赣油杂 708 等。不同油菜品种的菜薹和菜籽产量潜力各不相同，一般早熟品种菜薹产量高，晚熟品种菜薹产量低。菜油两用生产区域宜选择城郊两熟制油菜产区和有脱水蔬菜加工能力的地区，便于油菜薹的生产与运输。

2. 适期播种　如采用育苗移栽模式，则以 9 月上中旬播种育苗，10 月上中旬移栽为宜；如采用直播栽培模式，则以 9 月中下旬播种为宜。为平衡上市，可根据品种生育特性调整油菜播种期，使优质油菜薹在春节前后上市。

3. 合理密植　在一定范围内种植密度与菜薹产量呈正相关，高密度相较中、低密度菜薹产量高。移栽田块，每亩栽种 7 000～8 000 株。直播地块，出苗后及时间苗，移密补稀，于三叶期每亩留苗 1.2 万～1.8 万株，早播田块留苗稀一点，迟播田块留苗密一点。

4. 提高施肥水平，适期追肥　施足底肥，可每亩施复合肥 40 千克（45%）、硼砂 1 千克作为底肥；直播油菜在定苗后或移栽油菜在活棵后，可每亩追施尿素 4～5 千克；抽薹前每亩追施尿素 4～5 千克、氯化钾 4～5 千克；摘薹 2～3 天每亩施尿素 5～8 千克，促进一次、二次分枝生长，减少主茎缺失对油菜籽产量造成的影响。

5. 适时采摘　当油菜薹高度达到 25～30 厘米时，可摘薹 15～20 厘米。摘薹时间不能迟于 2 月中旬，以免影响菜籽产量。

摘薹时要把握"薹不等时、时过不摘"的原则。摘薹时宜选用不锈钢刀具斜割，于晴天、无露水时分级分批采摘，密封后装袋，以提高油菜菜薹的外观品质，延长菜薹储藏时间。

6. 防治菌核病 油菜薹采摘后，顶端优势消失，因此分枝增多，田间通风透光稍差，菌核病可能偏重发生，故而应及时进行菌核病的测报与防治。

7. 油菜薹加工 油菜薹除可做新鲜蔬菜外，亦可通过风干、腌制等技术加工成各种风味的食品，与同类的白菜、芥菜等原料制作的食品相比，具有保绿、味甜、香脆等独特风味（图8-1）。

图8-1 赣油杂8号油菜薹及菜品

第二节 观花山地油菜生产技术

一、景观油菜生产概述

旅游业在我国经济发展中的地位越来越重要。据中国国内旅游发展报告（2020）显示，旅游业对我国GDP的综合贡献达到10.94万亿元，占据GDP总量的11.05%。随着人们生活水平的不断提高，旅游也已经逐渐成为人们日常生活中不可或缺的一部分。油菜花目前已经成为国内游客最喜爱的旅游花卉之一，据同程网统计数据，油菜花是近年来我国仅次于樱花的第二大热门旅游花卉。据不完全统计，我国 2 800 余个县（市、区）中有接近 10% 的县（市、区）在开展油菜花旅游相关活动。油菜花旅游所带来的人气也同时带动了民宿、餐饮、酒店以及农副产品销售等地方产业的大幅提升，油菜花旅游对地方产业经济的带动效应也越来越大。江西婺源、陕西汉中、江苏兴化等地的油菜甚至已经成为地方经济发展的引擎和支柱。2019 年，婺源县由油菜花带来的旅游综合收入达到 63 亿元，占全县 GDP 的 40% 左右。特别是在充分发挥油菜种植效益的同时，进一步挖掘其在景观及产业带动等方面的功能，从而建立以新需求为导向的全区域布局、全价值链发掘、全产业链开发的乡村振兴特色产业模式，具有极为重要的意义。

油菜花色泽金黄绚丽，花期长达 1 个月以上，每年从 1 月开始，油菜花从南到北依次开放，1—2 月在北回归线附近的云南、广西等地开放，3 月在长江流域盛开，4—5 月主要在黄淮地区开放，6—8 月则在西北和东北地区开放（徐亮，2019）。由此可见，油菜是我国分布范围最广、种植面积最大的观花作物，是最重要的旅游资源，充分利用油菜种植的区域优势，有效融合观光、旅游、文化等元素，打造农业生产与休闲旅游产业融合发展新模式，丰富旅游产业体系，促进农业增产、农民增收，带动乡村振兴。

为增加油菜的花用价值，我国于 20 世纪 80 年代开始人工培育彩色油菜花，目前形成了白花、橘黄花、紫花、红花等 40 多个花色的品种（张冬青，2015；王波，2019；田飞，2019）。观花旅游地区利用这些彩色油菜花品种，搭配不同农作物，结合当地地理、历史和人文环境等设计图案，形成一幅幅大型艺术画，大幅提升了观赏性和艺术性，吸引大量休闲观光游客。

油菜花旅游近年来成为旅游热点项目。江西婺源是将油菜花与山地融合的典型代表，因为山地多耕地少的特殊地形，素有

"八分半山一分田，半分水路和庄园"之称。婺源被称为"我国最美乡村"，油菜花是婺源县最具代表性的景观之一，2018年春季赏花高峰"油菜花经济"综合收入达到约40亿元（姚琳，2020）。婺源东北部的江岭具有海拔高达千米的连绵群山，在山腰上分布着万亩梯田，每到春季，花海层叠，金黄染尽，春意盎然，驻足高处俯瞰，让人就像置身在如诗如画般的美景之中（图8-2）。我国云南罗平、青海门源、江苏兴化、广东英德、陕西

图8-2　婺源油菜花田

汉中、贵州安顺、江西婺源并称为"中国七大油菜花旅游地"（王波，2019）。湖北省的沙洋、黄冈、武穴、新洲等地的油菜花海也有着较高的人气。各油菜主产县市以油菜花为媒发展旅游业，每年接待游客少则几十万，多则几百万，旅游综合收入在15亿～50亿元（徐亮，2019）。

二、山地油菜观花生产技术

用作观光的油菜，其栽培技术与榨油用油菜基本一致。观花油菜生产技术，主要在品种上适当注意选择花色鲜艳，花瓣大，花期长，抗倒、抗逆强的油菜品种，技术措施上主要考虑延长花期，其他生产技术可参考油用油菜生产技术。

1. 优选品种　结合气候条件、耕地情况和目标花期要求，选用花色鲜艳、花期长、花瓣大、抗逆抗倒性强的油菜品种。如赣油杂8号，具有花瓣大、花色艳、花期长、抗性强等特点，目前是婺源主要景区景点的主栽品种。

2. 适期早播　一般在9月下旬至10月上旬播种，注重抢墒播种，有条件的可补墒播种，即浇湿播种沟或穴，播种后盖籽。

3. 控制密度，培育壮苗　用种量以200～250克/亩为宜，如播期推迟则适当增加播种量，确保越冬期每亩达到1.6万～2.0万株的基本苗要求。

4. 增施薹肥　油菜抽薹时，根据前期施肥和苗势情况，雨前或晴天露水干后，每亩追施尿素9～10千克，氯化钾3.5～4千克。叶面喷施速效硼肥，可用硼砂100～150克兑水30～40千克，需先用热水溶解后，再兑冷水喷在叶上，以防花而不实。

5. 摘薹延长花期处理　根据油菜生育进程和预期始花期，抽薹后摘去上部薹茎，使植株留有7～9片叶。对于穴播方式，每穴1株摘薹1株不摘；对于条播方式，每间隔1株摘薹。

三、四季花海定制技术

2019 年，我国油菜科学家通过品种-气象拟合、芽前种子处理、干播匀出全苗齐苗、中高温早发壮株、花色花期花量"三花"调控等技术的研制创新在世界上首创了油菜四季花海定制技术模式，能够实现油菜一年四季"定时"开花，实现亚热带低海拔区四季景观油菜花海的打造，成功突破了油菜花种植旅游的季节性限制，该技术也受到了各大媒体的广泛关注，中央电视台（2 套、10 套、13 套和 17 套）、《人民日报》、《中国日报》、《农民日报》、《经济日报》、《中国科学报》、《湖北日报》、新华社、光明网、湖北电视台、江西电视台等多家权威媒体广泛报道，引领了一股全国四季油菜花赏花热潮。该技术也先后在江西婺源、湖北武汉、松滋，江苏兴化等地开展了推广与应用，取得了较好的效果和效益（图 8-3）。

图 8-3　秋季油菜花（湖北武汉，2020 年 10 月摄）

第三节　饲用山地油菜生产技术

一、饲用油菜生产技术概述

随着经济发展、人口增长和收入水平的提高，人类对畜禽产品的消费持续增长（Shimokawa，2015；赵云，2017）。畜禽产品供不应求推动了我国畜牧业的快速发展，饲草的需求量也随之增加（李杰，2013）。2008年，全国牧草产量为37 148.3万吨，比2000年增加了31.25%，但是不及国内正常需求量的1/10。2010年，我国进口牧草产品量达23.06万吨，比2009年增加了200.46%。总体来说，我国饲草生产量供给不足，通过进口也远远不能满足牧草的需求量（张英俊，2011；赵晓倩，2010）。

油菜不仅是重要的油料作物，由于其生长快速、营养体产量高，其植株可以用作青绿饲料、绿肥和青贮等，在饲草轮作、有机农场和可持续农业中具有重要作用（海存秀，2012；杨红旗，2010；王汉中，2007）。早在1903年，Hitchcock就报道油菜可以作为饲料作物在美国种植。20世纪70年代，我国开始油菜用作饲料的研究，直到1999年傅廷栋院士将这一技术引入到西北地区，油菜饲用开发才受到多方好评（王波，2019）。随后，傅廷栋院士依据西北地区的土地、气候等资源，精心培育出了饲油1号和华协11等饲用油菜新品种，该品种具有生物产量高、营养价值高、低温生长能力强、杂种优势强和栽培技术简单等优点（黎咏蜀，2014）。

油菜作为饲用有以下四大优势：一是种植成本低，营养价值高，适口性好，产量优势明显；二是适宜种植区域广、面积大，不影响粮食生产；三是能够与多种作物间作套种，有利于种植结构调整；四是可满足我国对饲草的需求，同时具有肥田、观光等功能，综合效益显著。饲用油菜在我国西北部、东北部、长江流域均可种植。我国西北、东北地区 7—8 月麦豆收获后有 2—3 个月的土地空闲期，可复种饲料油菜，在严冬来临前（10—11 月）收获青饲料；长江流域可充分利用冬闲田种植饲料油菜，缓解冬春季节草食牲畜缺乏青饲料的问题（徐亮，2019；张哲，2018）。据估算，西北、东北地区麦后可复种饲用油菜的面积 67 万～133 万公顷，长江流域约有 667 万公顷的冬闲田可用于种植饲用油菜（胡璇子，2016）。

饲用油菜的蛋白含量可与豆科饲草相媲美（干基 20％左右），粗脂肪含量和钙含量高，粗纤维含量低，无氮浸出物，是优质的饲草来源（姚琳，2020）。研究表明，油菜盛花期粗蛋白含量及产量最高，此时刈割饲喂效果最佳；叶片中营养成分最高而纤维含量低，有利于牲畜的消化吸收，因此在生产上应选择叶片大而厚的品种（汪波，2018）。用新鲜饲用油菜饲喂蛋鸡研究结果表明，在基础日粮基础上，添加 100 克油菜的处理，鸡蛋的磷、钾、钙含量均高于其他处理（汪波，2018）。毛鑫等（2019）研究发现，用饲用油菜发酵全混合日粮（FTMR）饲喂湖羊的强度育肥效果优于青贮玉米发酵全混合日粮（TMR）。刘明等（2019）研究发现，油菜青贮前后养分含量变化不大，单独青贮油菜的养分要高于与玉米秸秆混合青贮的养分，将其与玉米粉和豆粕按一定比例配制成复合饲料喂猪，不仅能提高猪肉的食用品质，还能提高猪肉的产品出品率。

二、山地油菜饲用生产技术

饲用油菜易栽培，成本低，据华中农业大学十多年示范证明，种植饲用油菜（每公顷产 45 吨），单饲料一项农民增加纯收入 4 500～6 000 元/公顷（胡璇子，2016）。围绕饲用油菜的利用问题，目前在种植、饲喂和青贮等方面已形成了一系列的技术。

1. 选择适宜品种　饲用油菜种植以收取地上部生物量做青

饲为目的，可选择蛋白质含量高，叶量大的双低油菜品种，如赣油杂 8 号、华油杂 62、饲油 1 号等。

2. 适时播种　在可能的情况下应尽早播种，早播有利于充分利用光、热、水资源，促进油菜生长，提高饲料产量；适时早播可提高饲料油菜生物产量，前茬收后清理田间秸秆，可采用直播方式，且以轻简化播种方式为好，注重抢墒播种。

西北、东北地区 7—8 月麦豆收获后复种饲用油菜，或 4 月、7 月种植两季饲用油菜；长江流域水稻、玉米等夏作物收获后（10—11 月）到翌年 3—4 月春播前的秋冬闲田，可以种植一季饲用油菜。

3. 适量播种　西北、东北地区由于饲用油菜生长时间短，又以收获营养体为目的，因此必须加大种植密度，才能获得高产，每亩播种量 1 千克左右为宜；长江流域饲用油菜生长周期较长，播种量低于北方地区，适宜播种量为每亩 0.4～0.5 千克。

饲用油菜的种植密度可适当高于油用油菜的密度，但播种量不易过大，密度过高会导致茎秆纤细，生物量降低。

4. 合理施肥　按每亩复合肥 30～35 千克（氮、磷、钾各含15%）、尿素 4～6 千克混合后，均匀撒施。苗期根据土壤肥力、底肥用量和苗势，每亩追施尿素 4～5 千克。

5. 适时收割　适时收获是提高饲用油菜产量和营养价值的关键。饲用油菜最佳收获期为初花期，初花期茎秆和叶片中的营养成分最高，生物量大。收割留茬高度 5～10 厘米。苗期及抽薹期生物产量低，而开花期以后，茎秆和叶片中的营养降低，茎秆木质化程度加重，适口性降低。

6. 饲用油菜利用方式　作鲜草饲料或随割随喂：鲜饲以初花期收割为宜（效益最高），抽薹现蕾与初花期收割能兼顾粗蛋白产量和相对饲喂价值。根据牲畜食量确定收割量，每天喂食量不能过大。如果收割后直接鲜喂，建议与其他饲料混合后喂养。

（1）青贮饲料。新鲜油菜含水量高（85%左右），制作青贮饲料时需要干料混合使用，将含水量降至60%~65%，可长期青贮。

（2）草地放牧。若遇茬口原因造成油菜迟播（北方8月中下旬播种，南方2月上中旬播种），其生物量较低，则可直接放牧。

（3）冰冻储藏。对于环境条件适宜的地区，可以采取天然冰冻储藏饲料油菜。甘肃10月底至11月收获饲用油菜，堆放在通风的棚中，由于气温低，像天然冰库，可供应冬春饲用而不变质。

第四节　绿肥山地油菜生产技术

一、绿肥油菜生产概述

绿肥作为一种高效的生物肥源，在调节土壤理化性状、增加土壤养分、提升土壤肥力、改善土壤环境、丰富土壤微生物群落、增加微生物种群数量、提高作物产量和品质等方面起到重要的作用（Biederbeck，2005；Elfstrand，2006；刘新红，2020），是我国传统农业可持续发展的精华。但随着化肥的大量施用、有机肥用量减少及生物培肥措施的废弃，农田耕作层变浅、土壤有机质含量下降、土壤酸化加剧、理化性质变劣等问题越来越严重（武贺，2016；周德平，2020）。目前，我国耕地的有机质含量约为1.5%，明显低于欧美国家2.5%~4%的水平，绿肥作物翻压还田是提升土壤地力的有效方式（梁军，2018）。

传统绿肥主要为紫云英、蚕豆等具有固氮功能的豆科作物。油菜作绿肥种植，是近年来迅速兴起的一项提升耕地质量的技术措施（张秋丽，2020）。油菜作为绿肥虽然具有不能固氮的缺点，但具有生物量大、养分均衡、适应性和抗逆性强、播期宽松、繁殖率高和生产成本低等优势，对增强后茬作物病虫害生物防治能力、激发土壤难溶性磷活化以及土壤重金属污染治理等也具有独特的作用（姚琳，2020；刘新红，2020；邓小强，2017；傅廷栋，2012；李锋，2006）。发展山地绿肥油菜可充分利用冬闲田，实现冬季山地绿色覆盖，起到美化环境的作用。另外，绿肥油菜还具有苗薹可食用，花期可观赏的用途，在现代农业生产中有着超越其他绿肥的优势（顾炽明，2019；王汉中，2018；王丹英，2012；姚琳，2020）。

种植绿肥油菜可以促进后茬作物的代谢、生长，从而显著提高后茬作物产量（傅廷栋，2012；Crad，2015；张哲，2018；刘领，2017）。王丹英等（2012）通过连续 5 年的田间试验发现，盛花期翻压绿肥油菜使后茬水稻产量较冬闲对照显著增加5.70%～14.55%，且盛花期翻压的增产效果显著高于油菜收获后秸秆焚烧还田。高菊生等（2013）通过长期定位试验发现，冬种油菜绿肥，促进了后作水稻对磷、钾的吸收和利用。在减少化肥投入条件下，种植绿肥油菜仍可以显著提高后茬作物产量（惠荣奎，2018；王育军，2018；陈灿，2018）。惠荣奎等（2018）研究发现，在减少化肥投入 5% 条件下，翻压油菜可使玉米产量较正常施肥量冬闲对照显著增产 8.07%；而在化肥减施 10%～15% 条件下，翻压油菜仍使玉米产量保持与对照相当。可见，种植绿肥油菜可大量减少化肥的施用量，实现耕地的种养兼顾、良性循环。

近年来，油菜作绿肥被广泛地应用于果园、茶园等林间空地，通过套种提高土壤肥力、改善小气候生态环境、提升产品品质和经济效益。已选育出的绿肥专用品种有油肥 1 号和油肥 2号，鉴于绿肥压青的特殊要求，仍需选育出更多能适应不同地区、土壤及栽培模式的优质肥用种质资源。

二、山地油菜绿肥生产技术

我国早在 20 世纪 70—80 年代就利用油菜作为绿肥（王波，

2019）。结合当地大宗农作物的轮作特点，适当种植绿肥油菜，按需培肥地力。一般利用让茬较迟的冬闲田种植油菜作肥用，到第二年春天直接翻耕沤肥，此时鲜草的营养含量为：氮 0.43%、磷酸 0.26%、氧化钾 0.44%，其产量和肥效与紫云英相当（唐琳，2019）；有的作菜用油菜摘薹后直接翻耕作绿肥。绿肥油菜生产技术要点主要包括以下几个方面。

1. 选择适宜品种　宜选用本区域审定的年前低温生长较快、鲜草产量高的早熟油菜品种，如赣油杂 906、赣油杂 708 等。

2. 播前准备　根据天气形势和土壤保水性能，及时备好肥料和种子，做好播种准备工作，确保前茬作物收获后，可立即抢播绿肥油菜，以充分利用春节前有限的温光资源，增加春节前生长量。

3. 适期播种　油菜播种期弹性大，南方一般在 9 月下旬至 10 月上旬播种，注重抢墒播种，如遇不良天气播期过迟，不能出苗，则可在来年 2 月初播种；西北、东北可在小麦（或其他早熟作物）收后（7 月下旬至 8 月上旬）复种油菜作为绿肥。

4. 适宜播量　根据种子大小、发芽率、发芽势及土壤墒情，确定适宜播种量为 0.50～0.75 千克/亩，采取机动喷雾喷粉机或辅助播种机具进行喷播，也可采用无人机进行飞播，再用开沟机开沟覆土。

5. 施用基肥　复合肥 25 千克/亩作底肥，用撒肥机撒施，其他生育期不需追肥。

6. 适时翻压还田　绿肥油菜一般在盛花期翻压能达到最大肥效，翻压还田的时间应优先满足农作物的茬口安排。后茬作物如为水稻，则需在播栽前 10 天左右，结合翻耕整地，将油菜鲜草粉碎翻压还田，后茬作物如为玉米等旱地作物，在播栽前完成油菜鲜草翻压还田即可。

第九章 山地油菜花蜜
共生技术

蜜蜂与油菜的关系密切，二者相互适应，蜜蜂取食油菜的花蜜和花粉，而油菜花依靠蜜蜂传粉提高结实率和后代生活力。油菜是一种全国性的主要蜜粉源植物，从南到北都有种植，每年度可采蜜时间长达 270 多天；就一地而言，群体花期也可达 1 个月以上。在油菜花期既能生产多种蜂产品，又能大量繁殖蜂群，为下一个蜜粉源到来夺取高产创造有利条件。因此，油菜是推动养蜂业发展的不可缺少的蜜粉源植物之一，在有的地方甚至是决定养蜂者全年收益多少的唯一蜜源植物。

第一节 山地油菜蜜用及粉用生物学基础

一、山地油菜开花规律

油菜开花顺序与花芽分化顺序相同，一朵花开花需经历 4 个阶段：显露阶段、伸长阶段、展开阶段和萎缩阶段。油菜属虫媒花和风媒花，花粉落在柱头上约 45 分钟后即发芽，授粉 18～24 小时后受精，雌蕊在开花后 3 天内受精能力最强。

油菜开花期需要一定环境条件，温度为 12～20℃，最适为 14～18℃，早熟品种适温偏低，迟熟品种适温偏高。开花期适宜的相对湿度为 70%～80%，土壤湿度应为田间最大持水量的 85%左右。

油菜开花期是营养生长和生殖生长最旺盛的时期。开花期的迟早和长短，因品种和各地气候条件存在差异，白菜型品种开花早，花期较长，甘蓝型和芥菜型品种开花迟，花期较短。早熟品种开花早，花期长，反之则短；气温低，花期长。

单株油菜的开花顺序是：主茎顶端形成的中央花序开花最早，4～6天后茎下部侧枝上的花序依次开花；花盛期每个花序上每天可开放4～6朵花，全株每天可开放20～30朵花。中央花序花数最多，花期最长，基部的侧枝发育较好，开花早而多，越往上的侧枝生长发育越差，开花流蜜也越少。单株油菜的开花期约20天。

油菜总花期长达30～40天，一般初花期（25％的植株开始开花的日期）8～10天；盛花期（75％的植株上部2～3个花序开花的日期）13～15天；终花期（75％以上的花序完全谢花即花瓣变色、开始枯萎的时期）6～8天。

在我国油菜花的分布极其广泛，因此，全国油菜开花的时间，一般从每年的12月底一直持续到来年的8月，在不同的地方都会看到油菜花。不同地方的油菜花期大致如下：云南省为1—2月，重庆市为3月初至4月，江西省为3月下旬至4月中旬，上海市为3月下旬至4月中旬，安徽省为3月中旬至4月上旬，贵州省为3月上旬至4月初，湖北省为3月下旬至4月中旬，江苏省为3月下旬至4月中旬，陕西省为3月下旬至4月中旬，内蒙古自治区为7—8月，青海省为7—8月，甘肃省为7—8月，西藏自治区为7月8月。

二、山地油菜花吐粉泌蜜规律

1. 山地油菜花吐粉泌蜜 油菜始花后就开始吐粉、流蜜，但蜜、粉很少，以后逐日增多，进入大流蜜期后，蜜多粉足；在衰老期，最早开的花已成角果，各个花序还有少数花朵不断开放，但蜜、粉日益减少。在正常的天气里，一朵花可开放3天，流蜜2.5天，其规律是：第1天蜜多、粉多；第2天蜜多、粉少；第 3 天前半天只流少量蜜汁，后半天蜜汁逐渐消失，花瓣枯萎开始凋落。油菜花的 4 个长雄蕊在花朵完全开放之前到开放阶段是向外的，之后开始向花中心弯曲，这样覆盖在花药顶部和两侧的花粉就朝向柱头。4 个蜜腺中有 2 个属于内侧蜜腺（隐藏在短雄蕊基部的内侧和子房之间），2 个属于外侧蜜腺（位于长雄蕊和花瓣之间，短雄蕊以下）。黄色花冠完全展开之前花蜜即开始分泌，最初只有内部蜜腺泌蜜，但在花药朝向柱头阶段外侧蜜腺开始泌蜜。

短雄蕊基部的两个蜜腺比雄蕊环外的两个蜜腺分泌更多的花蜜，糖分浓度更高，蜜蜂也更频繁地访问它们。油菜花每天的泌蜜量在接近一天结束时有所增加，在上午和下午晚些时候较高，在中午较低。不同品种和条件下的花蜜平均含糖量差异较大，油菜花期接近尾声时花蜜含糖量有所增加，春播油菜的含糖量高于冬播油菜。

油菜花蜜的糖浓度与温、湿度变化规律是高度一致的，花蜜糖浓度随温度的增加浓度有一定幅度的上升；随湿度的增加有小幅度的下降。温度在 22℃左右，湿度 65％左右油菜花蜜糖浓度最高。

2. 山地油菜花泌蜜的影响因素　　山地油菜花泌蜜的主要影响因素如下。

（1）栽培管理。一般在土壤肥沃、深厚和土质好的土壤条件下，油菜植株生长繁茂，泌蜜量大。播期也会影响油菜的泌蜜，播种越迟，距离生殖生长的时间越短、主茎总节数少，继而主茎总叶数少、一次分枝数少、有效花芽数少、花少，单位面积内泌蜜量就会减少。密度偏高，田间透光差，通风透光不良，病虫滋生，则泌蜜减少。

施磷量和施钾量是影响油菜泌蜜量的主要控制因子。油菜缺磷后，不进行花芽分化；缺硼后花蕾褪绿变黄，萎缩干枯或脱落，开花不正常，花瓣皱缩，从而影响油菜泌蜜。中耕不力导致油菜根系生长受阻，影响氮、磷、钾、硼等营养元素的吸收，也会影响油菜植株的长势，继而影响泌蜜。不同的肥料营养元素对油菜泌蜜量增减作用大小依次为：磷素＞钾素＞氮素＞硼素。磷素和钾素都存在着合理的施肥水平，有一定的施用范围，超越此范围，油菜的泌蜜量将受到影响。

（2）病虫。冬油菜的病虫害易影响其泌蜜，特别是春后降雨多，油菜易发菌核病，病株茎、枝变白，地上部分全部死掉，发生严重时，对油菜泌蜜有很大影响。

（3）土质。肥沃的土壤，油菜生长茂盛，其茎干长得粗壮，枝叶多，花蕾多，植株茂盛茁壮，不疯长也不黄不瘦，这样的植株泌蜜量大。黑沙土质属于肥沃土质，泌蜜量大；黏土泌蜜量次之；还有一种贫瘠的死黄土，不耐旱，无保水能力，雨过天晴，水分马上被蒸发，这种土质植株生长缓慢，土中没有肥力，油菜长出来，叶子常为黄色，泌蜜相当差。

（4）植物生长调节剂。喷施植物生长调剂、微量元素对油菜开花泌蜜具有显著影响，通过两年试验表明，相对于对照区，喷施生长素能使油菜的泌蜜量增加60％以上；喷施爱多收泌蜜量增加50％～60％，喷施微量元素锶泌蜜量增加34％～46％。统计分析结果表明，喷施生长素和微量元素锶，油菜的泌蜜量增加达到极显著水平。

（5）天气状况。风对花蜜分泌的影响很大。在强风时，蜜腺萎缩，蜜汁的分泌减少。强风会将花蜜吹走或吹干，而且大风往往也会带来温湿度的变化，如西北风寒冷，会导致气温降低，影响泌蜜；东南风干燥，会造成湿度降低，影响泌蜜量。

温度也是影响油菜泌蜜的重要因素，白菜型、甘蓝型油菜开花泌蜜对温度要求不高，7℃就能开花泌蜜，高于10℃就能正常泌蜜，18～22℃泌蜜最涌，但高于25℃就会停止泌蜜。油菜初花期茎叶嫩弱，温度2℃以下就可以使其花序呈90°角下垂，开花中期花序呈 45°角都是严重冻害的表现，在 0℃时花器严重冻害，会导致形成分段结实现象。气温回升 2 天后，油菜又会陆续开花，恢复泌蜜。

第二节　山地油菜授粉增产技术

一、山地油菜的传粉昆虫

传粉昆虫的有效利用可使油菜及时和较好地实现异花授粉，这对于丰富其遗传物质基础，提高其适应能力和抗逆性具有不可替代的作用，也是提高产量和改善品质的主要措施之一。

油菜是一种昆虫学作物，它的花粉被黏性花粉覆盖，不容易从花药中释放出来。授粉试验表明，有蜜蜂授粉的油菜种子结实率是对照实验组 3.4 倍。昆虫授粉使每株油菜种子重量增加了 18%，市场价值增加了 20%。昆虫授粉提高了种子质量，使种子变得更重，含油率更高，叶绿素含量更低，这清楚地表明，油菜需要昆虫授粉才能达到较高的种子产量和质量。没有授粉昆虫，将会导致冬季油菜种子产量减少 27%，每荚种子重量减少 30%。

油菜花期访花昆虫种类广泛，仅淮安市鉴定记录的主要访花昆虫就包括膜翅目、双翅目、鳞翅目、鞘翅目、半翅目、同翅目、脉翅目和螳螂目共 8 目 32 科 58 种昆虫；在其他地区也可观察到蝇类、蚊类、食蚜蝇类、瓢虫类、象甲类、叶甲类、隐翅虫类、蛾蝶类、有翅蚜类、蜻类、家蜂类、叶蜂类、草蛉类、蜘蛛类等多种种类。在油菜传粉昆虫中，膜翅目占全部传粉昆虫的 43.7%，双翅目占 28.4%，鞘翅目占 14.1%，半翅目、鳞翅目、缨翅目和直翅目所占比例极小。前人对埃及阿西尤特地区野外实验站的三种双低油菜籽品种调查了其昆虫传粉者，结果表明：昆虫传粉者和访花者共 9 种，分别属于 4 个目和 8 个科，大部分传粉者是蜜蜂（膜翅目 83%）、双翅目昆虫（12%）、蝴蝶（鳞翅目 3%）和甲虫（鞘翅目 2%），在 9：50—11：00 记录到蜜蜂的峰值活动，无昆虫授粉区与昆虫授粉者相比，具有统计学上显著较低的产量参数（单株角果数量，每角果种子数，1 000 粒种子的重量，油含量和种子发芽率）。Pactol 和 Serw‑4 品种的有昆虫授粉植物分别具有较高的种子油含量（44.34%，51.40%）、种子产量（681.8 千克/公顷，429.0 千克/公顷）和种子发芽率（80%，86%）。

凹唇壁蜂是近年来被迅速应用的一种传粉昆虫，是我国一种优秀的本土传粉昆虫资源，其活动周期与油菜花期相吻合。凹唇壁蜂授粉区的油菜单角果重、结角果率、每角果粒数均高于隔离授粉区，虽然凹唇壁蜂授粉区和隔离授粉区的油菜在单角果鲜重、结角果率上没有显著差异，但凹唇壁蜂授粉区的油菜每角果粒数显著高于隔离授粉区，从而提高了油菜产量。

食蚜蝇科昆虫的活动对于油菜的传粉也有着重要作用。当黑带食蚜蝇存在时，油菜花每荚产生的种子明显更多。仅用食蚜蝇，每荚的种子数就增加了 4.5（低密度）和 2.75（高密度）。除食蚜蝇外，大头金蝇也可以为油菜授粉，大头金蝇授粉油菜的角果长度、每角果粒数与蜜蜂授粉的没有显著差异，但千粒重间差异显著。

此外，熊蜂也是山地油菜中重要的传粉昆虫。冬油菜很可能会吸引熊蜂蜂王，蜂王觅食后在附近冬眠，来年春天蜂王苏醒后建立熊蜂蜂巢，这恰好与春油菜开始开花的时间一致，因此，熊蜂采集春油菜的频率可能较高。

目前，人工饲养的蜜蜂是油菜的主要传粉昆虫。

二、蜜蜂授粉的生物学基础

蜜蜂以花粉和花蜜为食，是一种高度特化的授粉昆虫。蜜蜂在与虫媒植物长期协同进化过程中，形成了一系列有利于采集花粉、花蜜从而完成为植物传粉的特殊生活习性和与之相适应的结构，使蜜蜂成为自然界最高效的授粉昆虫。

1. 形态学优势 蜜蜂在形态结构上有许多特点与其传粉功能相适应。蜜蜂周身被有大量的绒毛，十分利于携带花粉。蜜蜂的后足发达，胫节两边都长有绒毛，近端部宽大，形成"花粉筐"，基跗节也宽大，内侧也有毛列，形成"花粉刷"。蜜蜂的"花粉刷"和"花粉筐"配合，十分利于采集和装载花粉。蜜蜂在采花的同时，身上携带的一朵花的花粉会掉落在另一朵花的柱头上，从而实现异花传粉，提高异源花粉比例，促进授粉受精。

蜜蜂头部有发达的感觉器官，头顶生有 3 个单眼，两侧长有 1 对复眼，每只复眼由 5 000 多个小眼构成。蜜蜂靠它的眼睛，定位能力高超，辨色能力准确。蜜蜂头部还长有一对集嗅觉、味觉、听觉和触觉于一体的膝状触角，该触角与许多神经相连，对外界的接触、气味和声音十分敏感。蜜蜂的前胃变为蜜囊，可临时储存大量的花蜜，蜜蜂的翅为膜质，属膜翅，具有极强的飞行能力，适合远距离采粉和辛勤的酿蜜劳动。这些适宜采集花粉和花蜜的生物学构造，是蜜蜂高效采蜜并为植物高效传粉授粉的基础。

2. 生物学优势 蜜蜂是高度社会化的昆虫，以群体为单位，在蜂群组织内部，蜜蜂有着严格的社会分工。一般情况下，正常蜂群由一只蜂王、数千至数万只工蜂和数百至数千只雄蜂组成，其中，蜂王和雄蜂共同完成生殖任务，除此之外，一切巢内外工作均由工蜂完成，工蜂是为油菜传花授粉的主力军。

蜜蜂生命活动所需的营养与能量全部来源于植物的花朵，这一特性使蜜蜂采集食物的活动几乎全部限制在花上并最大限度与授粉活动直接相关。

在蜂群大量采集粉蜜前，均先由少数侦察蜂出巢寻找蜜粉源，之后侦查蜂在巢内用"圆舞"和"8字舞"等舞蹈形式，将蜜粉源的方向、距离和质量等信息传递给同群的其他工蜂，并决定动员采集蜂的数量。蜂群的这种信息交流形式，十分有利于提高蜂群的采蜜和传粉效率。

蜜蜂在访花时会在花上留下标记性气味，从而避免其他蜜蜂重复采集，以提高采集效率。在一天的采粉活动中蜜蜂可采集多种植物的花粉，但在不同时间段内采粉具有相对的专一性，每次出巢采集具有单一性。蜜蜂有储存食物的本能，从而可以被用于持续为植物授粉。

三、山地油菜的蜜蜂授粉增产技术

1. 我国山地油菜的主要授粉蜜蜂　在我国，意大利蜜蜂和中华蜜蜂均是油菜授粉的理想昆虫，油菜的花蜜和花粉均为它们的采集对象，是生产蜂产品的重要蜜源作物。中华蜜蜂是我国本土品种，适应我国各地的气候，分布广泛，尤其在我国南方地区处于重要地位，个体和群势相对较小（图9-1）；意大利蜜蜂是我国引进的外来品种（图9-2），原产于意大利的亚平宁半岛，

图9-1　中华蜜蜂为油菜授粉

图 9-2　意大利蜜蜂为油菜授粉

个体和群势较大，性情温顺，广泛分布于我国，是主要蜂产品生产蜂种。

2. 山地油菜的蜜蜂授粉技术

（1）蜂种选择。根据油菜的生长特性、物候条件、蜂种特性以及蜂源情况，选择意大利蜜蜂或中华蜜蜂作为授粉蜂种。

（2）蜜蜂进场时间。用于授粉的蜂群在油菜初花期进场。

（3）蜂群配置。各地应根据当地的地理特点和油菜种植特点，合理布局放蜂点，平原地区连片分布的油菜按 3～6 亩配置 1 个群势 3 脾以上的授粉蜂群，其他地区应增加授粉蜂群配置数量，如果蜂群群势较强，可以以此推算用蜂量，以达到既保障蜂蜜产量又满足油菜授粉增产的目的。同时，蜂箱尽量分散摆放，巢门背风向阳。

（4）蜂群摆放。授粉蜜蜂进入场地后，如果油菜面积不大，蜂群可布置在田地的任何一边（图 9-3）；如果面积在 700 亩以上或地块长度达 2 千米以上，则应将蜂群布置在地块中央，减少蜜蜂飞行半径。授粉蜂群一般以 10～20 群为一组，分组摆放，并使相邻组蜜蜂的采集范围相互重叠。

图 9 - 3 油菜地蜜蜂授粉蜂群的摆放

（5）蜂群管理。在采集期前的休整期，更换劣质蜂王，增强群势，为采集期打好基础；初花期适当奖励饲喂以促进蜂群授粉积极性；合理取蜜取浆，盛花期合理取蜜，每次取蜜应在白天大量进蜜之前进行，注意留足巢内饲料；蜂群辅以产浆和脱粉提高授粉质量，脱粉、取浆时注意观察巢内花粉的消耗，随时注意维护和保持良好的蜂群状态。

授粉期间应注意防止蜜蜂中毒，若油菜发生病虫害必须施药，应在蜜蜂入场前 10 天或蜂场撤离后喷施农药，或选用对蜜蜂安全的药剂。种植者和养蜂者须密切配合，遵守授粉合同，尽量采用综合治理措施防治病虫害，如确需施用农药，必须事先通知养蜂者，尽量将施用农药时间安排在清晨蜜蜂尚未出巢采集或傍晚蜜蜂归巢后进行，以减少农药对蜜蜂的伤害。

（6）蜂群转场。油菜流蜜后期，要储备饲料，做好转场准备；转地前一周进行蜂群调整，并在油菜蜜粉源结束后，尽快将蜂群运至下一个蜜粉源场地。

3. 山地油菜蜜蜂授粉的影响因素

（1）环境因子。蜜蜂的采集活动与外界蜜粉源、温度、光照、湿度等多种因素有关，这些条件决定蜜蜂出巢采集的积极性，是蜜蜂授粉能否顺利进行的先决条件。气候变化如光照、温湿度的变化会改变油菜的开花生物学特性，使其吐粉、泌蜜的时间推迟或提前，从而导致蜜蜂的授粉服务质量下降。

温度是对意大利蜜蜂出巢采集影响最大的环境因子。当温度低于16℃和高于40℃时，蜜蜂的飞行次数显著减少，强群在13℃以下，弱群在16℃以下，几乎不进行授粉。温差大会出现蜜蜂出勤晚、收工早的现象，造成蜜蜂对油菜相对授粉时间短，授粉结果不佳。

湿度是影响蜜蜂正常授粉活动的重要因素。湿度不仅影响蜜蜂正常良好的授粉活动，还与蜂群的健康有直接关系。湿度较大不利于白垩病的根治，气候多雨潮湿或是储蜜含水量过高，都会促进白垩病的发展。冬季及早春时，湿度大会导致蜂群下痢，并加快孢子虫病的传播。早春繁殖时因保温不当，造成箱内的高温高湿，则易于发生爬蜂病，影响蜂群的采集和繁殖。湿度还影响植物的开花泌蜜、花蜜的蒸发速度以及花蜜和花粉的黏性，间接地影响了蜜蜂对花蜜和花粉的采集。干旱会造成油菜长势差，油菜的株高受到影响；如果降水量多，不仅会使蜜蜂的飞行次数大大减少，又会影响雄蕊的吐粉。

风力：当风速达6.7米/秒以上时，蜜蜂的飞行显著减少，风速达9.4～11.1米/秒时，蜜蜂的飞行完全停止，较高的风速会降低蜜蜂对油菜的授粉频率，对油菜的授粉结果会产生显著的影响。油菜属于早春露地植物，对于露地植物而言，处于避风、平坦的地理位置，蜜蜂授粉效果较好。处于风口或山顶的区域，授粉昆虫采集困难，授粉效果差。

光照：家养蜜蜂对温度和光照比较敏感，在阴雪天气或温度较低时不能正常出巢活动。意大利蜜蜂的趋光性强，受温度和光照条件的影响较大。已有研究表明，在晴天，意大利蜜蜂通常在9：30 以后开始采集活动，活动高峰期为 11：00—14：00，16：00以后很少继续活动；而意大利蜜蜂耐低光照的能力较弱，在阴天基本上不活动。

（2）生物因子。植物：蜜蜂对油菜的授粉活动受到植物方面的影响，蜜蜂采集有毒蜜粉源植物会损害蜂群健康，降低蜜蜂对其他蜜粉源植物的授粉效果。

病虫害：大蜂螨、小蜂螨、巢虫、细菌、病毒、真菌、胡蜂、蟾蜍等病虫害和天敌都会影响蜜蜂的出勤率，从而影响到蜜蜂为油菜授粉的效果。

物种竞争：在油菜作物的开花期，采访的昆虫不止一种，多种昆虫之间会出现食物竞争，竞争力达到相当大的情况下，则会出现食物不够的情况，会严重降低蜜蜂对油菜的授粉积极性，影响授粉的结果。在蜜蜂对油菜作物进行授粉时，也会出现鸟类等其他物种取食油菜作物的花，致使授粉的油菜作物减少，造成授粉不足的现象。

第三节　山地油菜蜜蜂授粉的效果

蜜蜂为油菜授粉具有显著的增产提质效果，尤其在野生昆虫种类和数量不断减少的情况下，采用蜜蜂授粉能够有效提高油菜的产量与品质，保护农业生态环境，促进农民增收。

一、蜜蜂授粉提高油菜产量

优质的花粉是授粉的前提，利用蜜蜂授粉可以显著地提高油菜柱头上花粉粒的含量，为柱头上萌发出更多的花粉管和双受精提供有力保障，消除了因授粉不良而出现的分段结实和角果内形成的少量间隔结实的不良现象，提高油菜产量，从而达到增产效果。

　　早期和近期的试验，表明油菜产量除了受土地、劳动力、化肥等传统生产要素和技术进步、区域环境影响之外，还受蜜蜂授粉影响，福建农学院（1957）曾在福州魁岐农场利用蜜蜂为胜利油菜做大田授粉实验，结果显示：隔绝虫媒区的种子的产量和出油率分别为套笼放蜂区的 30.65％和 86.94％。中国农业科学院蜜蜂研究所与浙江省桐庐县窄溪区养蜂队（1963）合作试验，结果表明，有蜂区比无蜂隔离区油菜籽增产 20％。湖南省畜牧局（1990）在湖南省组织蜜蜂授粉实地测定，有蜂授粉区比无蜂对照组油菜籽增产 27.2％，千粒重增重 12.5％，出油率提高 10.7％。1999 年，在陕西省杂交油菜研究中心合阳制种基地，采取了蜜蜂传粉措施，结果显示油菜增产 28.3％。祁文忠等人（2009）为了探明黄土高原地区油菜蜜蜂授粉增产效果，建立蜜蜂为油菜授粉示范推广基地，在黄土高原中部干旱、半干旱地区的甘肃省甘谷县安远镇，利用 400 群意大利蜜蜂的蜂场为白菜型油菜天油 4 号进行授粉试验。观察点距蜂群 500 米、700 米、1 000 米、2 000 米、3 000 米、4 000 米、5 000 米，测定了油菜籽产量、出油率、结荚率、千粒重和角粒数 5 个指标。结果表明，授粉距离越近，访花蜜蜂数越多，授粉效果越好，与自然授粉比较，油菜籽产量增产 9.01％～48.7％，结荚率提高 1.88％～73.3％，千粒重增加 1.63％～8.07％，出油率提高 1.94％～10.12％，角粒数提高 11.20％～46.34％。在黄土高原地区，利用意大利蜜蜂为白菜型天油 4 号油菜授粉，授粉半径越小，授粉效果越显著，距离蜂场 1 000 米区域内的授粉效果最好。胥保华等人（2009）为探明油菜授粉增产效果，在青州市王坟镇侯王村、王坟镇赵家庄村、弥河镇赵疃村和弥河镇梓林村，分别选择 4 个蜜蜂授粉试验区和 4 个无蜜蜂对照区。结果显示：

试验 1 区经蜜蜂授粉的油菜籽产量 105 千克/亩，无蜂区油菜籽产量 75 千克/亩，有蜜蜂授粉的油菜籽产量比无蜂区提高 40%；试验 2 区经蜜蜂授粉的油菜籽产量 100 千克/亩，无蜂区油菜籽产量 75 千克/亩，有蜜蜂授粉的油菜籽产量比无蜂区提高 33.3%；试验 3 区经蜜蜂授粉的油菜籽产量 86.7 千克/亩，无蜂区油菜籽产量 70 千克/亩，有蜜蜂授粉的油籽产量比无蜂区提高 23.8%；试验 4 区经蜜蜂授粉的油菜籽产量 120 千克/亩，无蜂区油菜籽产量 60 千克/亩，有蜜蜂授粉的油菜籽产量比无蜂区提高 100%。

四川省乐至县农业农村局植保植检站设置示范区（大面积放蜂＋农药安全使用）、非示范区（农户自防但不放蜂，距示范区 5 公里以上）和空白对照（不防治也不放蜂，用 30 目的塑料网和竹竿、木棒等材料，搭建物理隔离网棚）。示范区在油菜初花期，亩用 40% 菌核净可湿性粉剂 40 克防治 1 次，结果显示，油菜增产效果显著，经蜜蜂授粉的油菜花期明显缩短，成熟期提前，平均 667 米² 增产 26.9 千克，增幅为 22.3%。2019 年示范结果显示，蜜蜂授粉示范区比非示范区有效角粒数增加 6.6 粒，结荚率提高 5.32%，结实率提高 2.41%，千粒质量增加 0.32 克，平均增产 32.8 千克/亩，增幅为 17.4%。2013 年，农业部在安徽等 13 个省份建立 20 个蜜蜂授粉与绿色防控增产技术集成应用示范基地，试验示范结果显示，油菜平均增产 32 千克/亩，增幅为 19.2%。李静等研究表明，蜜蜂授粉后油菜的理论产量以及实际产量均显著高于对照处理，分别增长 34.31% 与 16.14%。

蜜蜂授粉是山地油菜的有效增产措施，但该技术尚待进一步推广。蜂农授粉对油菜年产量有显著正向影响，且表现出比化肥、劳动力和其他生产投入等传统生产要素更高的产出弹性，是一种有效的增产措施。

二、蜜蜂授粉改善油菜籽品质

在蜜蜂为油菜授粉中讨论的油菜品质主要是指其营养品质。对油菜营养及其加工品质的要求主要有 3 个方面：一是降低芥酸和亚麻酸含量，改善菜油的脂肪酸组成；二是降低菜饼中硫代葡萄糖甙、芥子碱、植酸等有害成分的含量；三是提高油分和蛋白质含量。

试验结果表明，虽然自然授粉区的油菜籽理论出油率和实际出油率都高于蜜蜂授粉区和无蜂授粉，但是蜜蜂授粉区的实际亩产出油量要高于自然授粉区和无蜂授粉区，经蜜蜂授粉的油菜籽品质优于无蜂授粉区。石元元等在不同油菜授粉区油菜籽成分的研究中发现，蜜蜂授粉区油菜籽中不饱和脂肪酸含量高于无蜂授粉区。但也有研究显示，蜜蜂授粉后油菜籽中油酸 C18：1、亚油酸 C18：2、亚麻酸 C18：3 和芥酸 C22：1 的百分含量均没有呈现出明显的变化规律。

三、山地油菜蜜蜂授粉的经济贡献

蜜蜂为油菜授粉可以增产已成为不争的事实，不同的研究表明，油菜授粉主要依靠虫媒、风媒两种，常异花授粉，经评估属于昆虫传粉依赖程度为中等依赖。

1. 全球经济贡献情况 Adam 等人（2014）研究报告显示：2010 年，英国的油菜对蜜蜂的依赖度为 0.25，2010 年油菜总产值为 6.74 亿美元，蜜蜂授粉服务效益达 1.69 亿美元。Stanley 等人（2013）评估了授粉服务对爱尔兰油菜的益处：冬季油菜的经济价值估计为每年 390 万美元（2015 年美元），而对春季油菜的贡献为 190 万美元（2015 年美元），每年总价值为 580 万美元（2015 年美元）。Emerson 等人（2018）分析得出，2011—2012 年，巴西油菜种植对意大利蜜蜂的依赖度为 0.25；授粉昆虫的有效比例为 0.90。

2. 国内经济贡献情况　欧阳芳等人（2015）统计分析：
2007 年，油菜年总产值达 386.97 亿元，昆虫传粉依赖程度达
100％，人工饲养传粉昆虫达 90％，野生传粉昆虫为 10％，人工
饲养传粉昆虫的年贡献产值达 48.27 亿元，野生传粉昆虫的年贡
献产值达 38.70 亿元。

2006—2008 年，油菜的平均产值达 2.168 7 亿万元，油菜对
蜜蜂授粉的依赖度达 0.76，蜜蜂为油菜授粉的经济价值达 1.648
2 亿元，因此，蜜蜂授粉为油菜经济作出了巨大贡献。

四、油菜花期放蜂路线

放蜂路线就是蜂群繁殖、蜂产品生产所经过的各个放蜂场地
的路线，放蜂场地要求蜜源充足、气候适宜、交通方便、花期衔
接、场地宽敞。目前，我国基本上为围绕着铁路干线的长途转地
放蜂路线，一般可归纳为三条主要放蜂路线，即东线、中线和西
线，这几条主要放蜂路线，也代表着油菜花的开花顺序，故油菜
花期与我国的放蜂路线基本一致。

东线：元旦前后，北方的蜂群到福建、广东等地繁殖，2 月
底至 3 月初，沿鹰厦线、皖赣线、浙赣线北上江西、安徽采油
菜、紫云英蜜。3 月下旬至 4 月中旬，大多数蜂场再沿浙赣线、
沪杭线、沪宁线到浙北、苏南、苏北和皖北等地采油菜、紫云英
蜜。4 月底至 5 月初，沿津浦线、陇海线、胶济线（结合汽车运
输至苏北、鲁南等地采苕子、刺槐蜜），有的则到河北采刺槐蜜。
5 月底至 6 月初，出山海关到黑龙江、吉林等地，利用山花繁
殖，投入 7 月的椴树花期生产。也有部分蜂场到辽宁采草木樨
蜜，到北京、辽宁采荆条蜜，或到黑龙江采油菜蜜；还有个别蜂
场留在山东、河北采完 6 月的枣花以后再去上述地点。

越冬蜂强的蜂场，有的就在本地繁殖，或到江西繁殖，3 月

按上述顺序北上生产。蜂群采完椴树、荆条、草木樨、油菜蜜后，就近采胡枝子、向日葵、荞麦蜜，8月底至9月初，上述蜜源结束，多数蜂场随即南返采蜜、繁殖，部分蜂场留在东北越半冬，到11月前后逐步南运休整，也有少数蜂群留在北方越冬，直到12月再南下繁殖。

中线：蜂群在12月或次年1月初，到广东、广西利用油菜、紫云英繁殖，3月上中旬，沿京广线附近北上，到湖南、湖北采油菜、紫云英蜜，结束后个别蜂场再去采刺槐蜜，6月到河南新郑一带采枣花，6月底至7月初，至北京、辽宁、山西中部等地采荆条蜜，或去山西北部采木樨蜜，也有到内蒙古、山西大同采油菜、百里香和云芥蜜的，紧接着是当地或附近的荞麦。8月底荞麦结束后，可采取东线的方式就地越冬或南运休整。

西线：蜂群于12月至云南、广西、或广东湛江一带，利用油菜、紫云英繁殖复壮，于翌年2月下旬至3月上旬，经成昆线入川采油菜蜜，4月运至汉中盆地或甘肃省内采油菜蜜，5月后接狼牙刺、洋槐、苜蓿、山花蜜，7月进入青海采油菜蜜，或到新疆吐鲁番采棉花蜜，8月至甘肃、宁夏、陕西北部和内蒙古采荞麦蜜，或就近在甘肃张掖等祁连山脚采香薷蜜。以上采蜜期结束后，个别蜂场南运四川、云南采野坝子等蜜源。大部分蜂场和东线一样南运休整，还有一部分蜂场1—2月直接到四川繁殖，就地采油菜、紫云英蜜，4月底加入西线。

此外，还有东西穿插、互相交错的放蜂路线，如先在东线繁殖，5—6月穿过中线到西线放蜂；也有在西线繁殖，4月采完四川油菜蜜，经陇海线于4—5月加入东线或中线。江西、浙江、湖北、湖南、四川、云南、贵州等省，也有不少蜂场，只在省内或近邻省进行短距离转地，也是行之有效的方法（图9-4）。

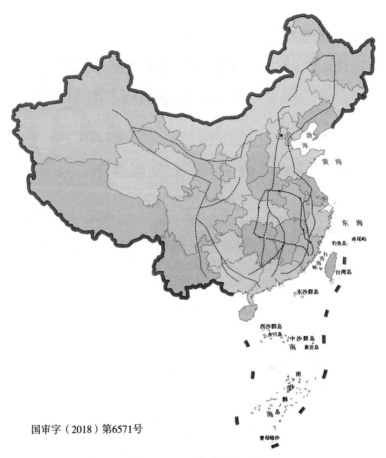

国审字（2018）第6571号

图 9-4 我国蜜蜂放蜂路线

第十章 山地油菜产业发展存在的问题和对策建议

第一节 山地油菜产业发展存在的问题

我国山地油菜主要利用冬闲耕地生产，不与主要粮食作物争夺土地和劳动力资源。种植油菜后土壤有机质增加，有利于后茬粮食作物生长。然而不少油菜主产区的山地开发利用程度仍然不够，存在较多的冬闲土地，主要问题论述如下。

一、山地油菜生产水平较低

1. 山地油菜种植机械化程度较低 在所有的大田作物中，油菜的机械化普及程度较低。从技术上来看，油菜机械耕整、开沟、植保、施肥等环节机械化问题已基本解决，油菜机械直播、机械化收获技术已经实现，重点是技术推广与实践应用。当前，山地油菜从播种到收获基本是靠传统的手工或半机械化作业。以湖北省为例，2004—2015 年，湖北省油菜亩均生产成本从 295元增长到 871 元，人工成本从亩均 147 元增长到 547 元，油菜生产成本的攀升主要源于人工成本的增加。2015 年，湖北省油菜生产每亩用工约 6 个，而加拿大、澳大利亚等油菜主要出口国每亩用工不到 1 个，人工成本占总成本的比例不到 3%。而在收获环节，劳动强度大、生产效率低，且人工收割时要经过收割、运输、晒干、脱粒、扬种等工序，损失一般超过 10%。加之油菜收获时期正处初夏农忙季节，农时紧、劳动力紧张，油菜不能及时收获，从而导致油菜籽发芽、霉变，影响菜籽品质，严重阻碍了油菜生产的进一步发展。随着农村青壮年劳动力向二、三产业转移，劳动力价格攀升，机械化程度低成为严重制约山地油菜生产的瓶颈，迫切需要开发适合于山地油菜的新型机械。

2. 山区种植管理粗放　我国多地山区资源丰富，水土资源充足，具有发展山地油菜潜力。山区昼夜温差大，利于油菜养分积累，目前，山地油菜已成为我国油料资源的重要储备来源。但是当前形势下冬油菜生育期较长、养分需求量大，山地油菜管理粗放，造成油菜养分利用效率降低，产量下降。首先，为保证出苗率，山地油菜一般播种密度过大。出苗密度过大会导致油菜生长发育不良，抗性下降，在低温天气条件下，油菜遭受冻害后造成茎秆表面破裂，易受病原菌侵袭。其次，施肥不合理，山地土壤有机质含量中的氮肥、磷肥和钾肥含量不如平原地区，会造成油菜吸收养分比例失调。尤其是土壤中缺乏硼肥很容易造成茎秆中空歪倒，如果氮肥施入过多，会造成植株徒长，发生倒伏。

3. 山地相对贫瘠，农田水利设施不完善　与城郊、平原耕地相比，山地特别是新开垦土地多表现为水土流失比较严重、土地贫瘠、有机质含量低、土壤保肥保水能力弱、土壤偏酸等特点，容易导致油菜产量与品质下降。山地油菜种植区受山区自然条件的限制，水利、道路等基础设施相对落后，生产条件相对简单。山地蓄水保水能力较差，干旱时不能及时有效提供水源，多雨时也不能保证留蓄雨水，导致"雨走田干"，造成田块适耕期缩短，大幅降低油菜产量、品质与效益，严重影响山地油菜的安全生产。此外，多数海拔 500 米以上的山区基本没有实施土地整理或标准农田改造等项目建设，水利设施不能应对局部地区灾害性天气的冲击，山地油菜的抗灾保收能力有待提高。

4. 缺乏油菜龙头企业与知名品牌拉动山地油菜生产　虽然我国食用油脂加工企业发展迅速，取得了不少成绩，但是现有企业规模偏小、产业集中度低、企业科研投入不高、产能相对过剩，缺乏全国性知名品牌。此外，在加工企业中占比较大的小规模企业过于分散，大量的油菜籽资源被分布在各主产区星罗棋布的各种作坊式榨油厂占据，导致龙头企业产能闲置。

二、劳动力成本高，比较效益低，农民缺乏积极性

1. 劳动力数量和质量下降　农村劳动力的快速转移，使得山区适农人群严重分化。有研究报道，长江中下游一些农村目前仅有少量劳动力在家务农，且外出务工的主要是青壮劳动力，在家留守的 60 岁以上老人成为种田的主力军。而且老年人由于年老体弱，文化程度低，对科技的接受、需求能力较差。劳动力紧缺，年龄老化进一步影响山地油菜生产水平。

2. 油菜生产比较效益较低　比较效益可以在核算成本和收益的过程中，反映不同产品在价格和成本方面的优势。目前，油菜和小麦是长江流域山区冬季种植面积最大的两种作物，且两者之间播种期和收获期相近，即它们之间存在土地竞争关系。根据国家发展和改革委员会价格司公布的资料显示，油菜种植劳动力亩成本由 2008 年的 145.33 元逐步增长到 2018 年的 548.24 元，人工成本成为油菜生产总成本中比重最大的部分。与小麦对比，2018 年小麦生产亩人工成本为 350.76 元，比油菜亩人工成本少 197.48 元，这是因为小麦生产机械化水平较高，每亩比油菜种植少用 2.31 个劳工。油菜的比较效益低还体现在国家财政补贴方面，油菜生产比小麦生产每亩少30.64 元。油菜种植的人工成本不断增加，机械化生产水平落后，据田间测产和入户调查，湖北省山地油菜种植每亩平均纯

收益 200 余元，花 7 个月种 1 亩油菜的收入，只相当于一人外出打工 1～2 天的工资收入。单位面积投入产出率太低，严重影响了农民从事油菜生产的积极性，使得农民宁愿选择外出打工或者种植小麦等其他作物，这是当前山地油菜生产中的棘手问题。

三、山地油菜专用品种缺乏

同一农作物的不同品种的适宜种植区域不一样。当优良品种引种到气候环境不适合的区域种植时，难以表现出优势，产量潜力下降。适应性是作物对气候、土壤、海拔和纬度的综合反映，涉及作物的光合作用能力、养分利用能力、病虫害抗性和光温特性反应等多个方面。在山地油菜种植中，应根据山区光照强烈、气候凉爽、昼夜温差大及山区易缺水等自然环境特点，选择对光照不敏感，生长周期长，抗寒性、抗旱性强的油菜品种。另外，机械化是应对农业生产挑战的一个重要途径，选择适于山地机械化操作的油菜新品种要具备株型紧凑、株高一致、果位适中、生育期和成熟期高度一致、抗倒伏、抗落粒（或抗裂荚、抗裂角）等。然而育种工作耗时长，从方案制定、具体实施到最终材料经过区试一般需要经过 5 年以上的时间。如果缺少预见性，5 年前制定的育种目标很可能已经不再符合当前经济生产的需要，这也进一步导致了山地油菜缺乏专用性品种。当前发展山地油菜，迫切需要筛选出适宜山地气候条件的高产、优质、抗逆性强且适合于机械化生产的优良油菜品种。

四、山地油菜多用途生产技术推广有待加强

除油用外，山地油菜还开发出了绿肥、饲料、蔬菜、观赏等多种功能，其开发利用能有效融合一二三产业，是发展生态

休闲农业和乡村旅游的理想作物。国内平原地区的油菜在绿肥、饲用和菜用等多功能开发方面已有成功经验并取得了良好的效益，但相关技术研究和储备仍不足，示范推广工作未能有效开展。油菜观光旅游虽有一定发展，但花色单一、花期短，在延长花期、创意造型、作物布局、景观搭配等方面的研究不足，文化开发力度不够，制约油菜旅游业的进一步发展。虽然油脂加工企业对菜籽油产品开发进行了一系列探索，取得了一些成效，但精深加工不够，品牌不鲜明，高档食用油系列和保健油开发较慢。发达国家在油菜多功能开发领域有很多经验值得我们学习。例如，在欧盟将菜籽油广泛用于生物柴油，而加拿大则注重开发高油酸和优质蛋白饲料，计划 2025 年实现 33％的高油酸化，并且目前已经将油菜饼粕应用于奶牛养殖业，不仅生产了优质油，也让奶牛吃到了优质蛋白。我国油菜在多元化开发利用上任务艰巨，仍需要投入大量的精力挖掘内涵。

第二节　山地油菜产业发展对策和建议

一、加大政策扶持，做好统筹规划

1. 保护耕地，确保油菜播种面积，开发冬闲山地　加大冬闲山地利用关键技术研究，充分挖掘生产潜力。山区油菜多为冬油菜，均在下半年种植，不与主要粮食作物争地，因此，开发利用冬闲山地是当前提高土地利用率、稳定扩大油菜种植面积的有效途径。开发利用冬闲山地，政府应该实施更多惠农政策，鼓励农民开发冬闲山地，提高种植油菜的比较效益，从根本上保证油菜种植面积，提高油菜产量。一是研究出台鼓励冬闲山地流转措施，推动冬闲山地向种植大户、龙头企业原料基地集中，提高油菜规模化种植水平；二是实施冬闲山地补贴政策，灵活运用中央政策并出台地方配套扶持政策，鼓励冬闲山地的开发利用及冬闲田改造；三是冬闲山地种植技术研发，包括早熟品种筛选、栽培技术优化、冬闲山地改造等，解决油菜与夏收作物的茬口衔接和劳动力投入过多的问题，提高冬闲山地油菜产量。

2. 完善基层农技推广体系　完善基层农业技术推广体系，加大油菜新技术成果的推广力度。目前，基层农业技术推广体系存在的主要问题包括功能定位不明确、技术推广激励机制缺乏、推广人员能力偏低、技术推广投入不足等，因此，要进一步明确基层农技推广的公益职能，认真落实财政足额支持，建立以需求为导向的考评激励机制，加强农业技术推广人员的能力建设，完善国家农技推广预算制度，完善农技推广投入机制等。

3. 加大对油菜生产的政策性补贴　继续加大对油菜生产的政策性补贴与支持。一是加大"农业支持保护补贴"政策投入，2016 年，财政部、农业农村部联合发文，将"农作物良种补贴、种粮直补和农资综合补贴"政策整合打包合并为"农业支持保护补贴"政策，可鼓励耕地地力保护和适度规模经营，同时在制定具体的补贴政策时可适当将补贴方向的决定权下放至地方政府。自 2015 年后，中央废止油菜籽临时收储政策，改由地方政府随行就市，按照市场价格进行托市收储。比如可以考虑将硼肥与良种捆绑补贴，解决我国广大油菜主产区土壤缺硼问题及"花而不实"现象，提高产量和油菜籽品质。二是稳定市场油菜籽收购价格，弥补油菜种植过程中生产资料成本及劳动力价格的上涨，提高农民种植油菜的价格预期，也可参照水稻、小麦的做法，对油菜实行最低价收购政策，以保证农民种植油菜的积极性。此外，国家市场支持收购政策的调整，不仅允许规模大、有资质的民营企业参与收储，还应给予一定的补贴。

4. 引导消费，扩大菜籽油的消费需求 菜籽油是我国居民主要的日常食用油之一，营养价值丰富。受国际较低大豆价格的冲击，菜籽油在油料市场的消费中地位低于大豆油，但随着人们生活水平的提高，人们对营养价值高、绿色安全的植物油的需求将愈来愈大，因此，应积极引导消费者对菜籽油的喜好，使消费者认识到菜籽油的健康价值，同时打造相应的油菜品牌，加大其宣传推广，将有效地提高农民油菜种植的经济效益和促进我国油菜产业的发展。

5. 稳定市场，制定菜籽市场价格保护政策 油菜籽收购价格的高低对农民的种植收益影响较大，油菜价格的波动不仅影响油料市场的稳定，同时给油菜种植户带来较大影响。农民作为市场活动中的单个个体，接受市场信息的能力有限，对市场变化的反应不灵敏，无法根据市场的变化作出科学的种植决策。稳定市场，保护油菜籽市场价格，一是要发挥政府的宏观调控作用，政府制定保护菜籽市场稳定的最低收购价，降低油农种植油菜的经济风险，保证农民利益，稳定油菜生产。二是大力推行"公司＋农户"的订单生产模式，农户集中起来在专业公司的指导下进行油菜生产，规模生产下生产效率得以提高，同时农民的利益也得到了保障，农民可以"未产先销"，减小大市场对于小农户的市场冲击，降低其生产风险。

二、构建山地油菜轻简化栽培技术体系

1. 加大油菜生产机械化程度，尤其是加强小型机械的研发与推广利用 油菜生产作业环节分为产前、产中和产后3个阶段。产前包括育种和种子精细处理；产中包括耕整地、播种、施肥、育苗移栽、灌溉、植保、收割、脱粒和秸秆粉碎；产后包括运输、干燥、清选、储存和油脂加工等。随着我国农业机械化水平的提高，在平原区已基本实现油菜播种、育苗移栽、收获干

燥、油脂加工的全程机械化。但丘陵山地由于地块小、地形多样，大中型油菜播种收获机械在山地油菜生产中难以推广应用，小型精密油菜直播与收获机械的研究设计对解决这一问题具有现实意义。华中农业大学于"十一五"期间研制的 2BFQ－6 型油菜少耕精量联合直播机实现了条带旋耕、开沟、播种、施肥复式作业，通过改变排种器的可变控制机构消除山地导致的拖拉机不均匀移速，保证了播种、播肥的均匀度，同时该机械是联合型机械，能够实现小块田地油菜种植多道工序集一机完成，大大节约了劳动力。近年来发展起来的无人机播种技术也可完成复杂地貌的油菜种植，具备高精度自主飞行功能的无人机体型小、作业灵活、可悬停、起降不需跑道、地形适应性好，可以实现航迹规划和自动导航飞行，具有地面播种装备无法比拟的高通过性特点，可解决山地地面播种装备无法进入作业或作业经济效益不高的问题。在收获过程，南方山地油菜种植区多降雨，且由于田块小、收获时间集中，宜采用联合收获，一次性完成切割、脱粒和清选作业。从个体农民的角度来看，也具有省事、省心和省力的优点。

2. 大力发展轻简化技术，提高油菜生产效率　传统的油菜栽培技术，如育苗移栽耗时耗力，劳动投入较多，故生产成本也较高。免耕移栽、免耕直播等栽培技术是当前油菜生产应用较多的轻简化技术，油菜生产轻简化栽培技术减少了农业生产资料的投入，降低了油菜生产中的劳动投入，缓解了当前农村劳动力不足的现状，有效地提高了油菜种植效益。但由于轻简化栽培技术发展起步较晚，在推广宣传方面力度不够，农民对其了解并不深刻，并没有明显感受到轻简化栽培技术带来的效益。同时，轻简化栽培技术多为机械操作，对机械化水平要求较高，使得推广条件受到限制。因此，当前要大力发展轻简化栽培技术，首先应尽快完善推广技术体系，根据长江流域油菜生产实际情况，在充分考虑土壤状况、适宜品种和农民种植习惯的前提下，因地制宜地制订技术实施方案，建立符合当地种植特色的高产栽培技术；其次是加大对新技术的示范推广力度，对开展轻简化栽培技术的农民进行财政补贴，通过示范带动农民提高油菜生产水平；最后，轻简化栽培技术的实行需要建立在较高的机械化生产水平上，因此，需要加快提高山地油菜生产的机械化水平。

3. 科学施用化肥、农药　农资成本是油菜种植成本的主要构成因子。近年来，农业生产资料，特别是农药、化肥、农用柴油等价格不断上涨，其中又以农药、化肥的增幅较大，使得油菜生产成本不断上升。其次，虽然化肥、农药的使用对于提高油菜产量起着非常重要的作用，但是我们不能盲目多施肥、乱施肥。化肥施用量过多，土壤性状发生变化，反而降低油菜产量和品质，还极大地增加了生产成本。应根据土壤肥力状况和油菜生长状况判断施肥量的多少，科学施肥。在油菜病虫害防治方面，要合理用药，将减少用药和生物防治结合起来，培育抗病虫品种等减少农药的使用。通过科学指导农民合理使用化肥农药等，实现油菜生产的可持续发展。

三、培育良种，加强科研支撑能力

在山地油菜实际生产中，品种较单一，易退化，难以满足居民消费和国家工业建设的需要。正确分析我国山地油菜种业发展现状和瓶颈，对于推进山地油菜种子产业化进程，提高种子产业的国际竞争力具有重要意义。改革开放以来，我国油菜单产稳步提升，油菜品种改良步伐加快，20世纪90年代，"双低油菜"开始大面积推广，到2003年"双低油菜"的普及率达到了90%以上，大大提高了我国油菜的产量与品质。但与欧洲国家相比，其单产仍落后20%～50%，存在较大的提升空间。在油菜品质方面，虽然"双低油菜"极大了降低了芥酸与硫苷的含量，但随着农业生产条件的日益复杂化，在追求高产的同时，更要注重加快优质品种的研发，培育适宜于山地种植的高含油量、抗病虫害、适宜机械化生产和轻简化栽培技术的新品种是当前我国发展山地油菜的重要保障，通过油菜品种改良与技术变革，提升油菜品种的国际竞争力。

以往的油菜育种致力于高产优质育种及杂种优势的利用，在指标设计上主要追求"双高"和"双低"，即高油酸和亚油酸含量，低芥酸和硫代葡萄糖苷含量，忽略了品种对机械化作业的适应性，尤其是忽略了长江中下游丘陵山地冬油菜主产区对主要农事环节机械化生产需求的适应性，导致大面积种植的油菜适合机械作业性能较差。山地油菜的品种培育，应侧重株型小、分枝少、结荚部位集中，成熟期集中、联合收获容易等特性。

随着我国经济社会发展水平的不断提高，人们对蔬菜的质量安全与品质也提出了更高的要求。南方丘陵山地农业资源丰富，自然资源禀赋优越，蔬菜品质优良，"油蔬两用"油菜作为多功能特色油菜品种之一，能够促进油菜产业发展，丰富冬季时令蔬菜供给，显著增加种植户收益。"油蔬两用"油菜品种的选育目标是既能保证油菜籽的出油率和产量，又能在冬季时令蔬菜匮乏时提供一定产量的油菜菜薹。一般情况下，多选用营养生长旺盛、分枝能力强、休眠萌芽速度快的半冬性和中早熟品种，生育周期200天左右，摘薹后油菜生育期延长不得超过3天，此外还要求有效分枝部位较低，调节补偿能力较强，以上都是"油蔬两用"油菜品种筛选的基本标准。"油蔬两用"品种选育应从优良性状、分子基因等角度深入开发，从油菜的抗逆性、丰产性、高油性、食味性等多方面开展研究，为油菜的多功能开发利用提供优良种质资源。

由于山地油菜多采用直播，缺少育苗移栽环节，山区冬季低温条件下油菜种子是否能够正常萌发成为后期油菜生长的限制因素。在未来，受气候变化影响，冬季出现极端低温的概率也会增加，耐低温、高发芽率品种对于稳定东部和中部播种期较晚地区的油菜生产具有重要意义。因此，在油菜良种培育中需加强耐低温、高发芽率品种的选育和推广工作。

病虫害会明显影响油菜产量，丘陵山区森林植被茂盛，昆虫数量多，更易出现虫害，抗病虫性状优良的油菜品种的选育对于山区油菜绿色轻简高效生产有着重要意义。因此，未来也要加强具有抗虫、抗病和抗倒性等抗性性状的适合山区种植的油菜品种选育。

四、整合资源，促进一二三产业的融合发展

1. 依托山地资源，促进山地油菜绿色产品开发　山地自然环境优越，适宜进行无公害、绿色、有机农产品开发。依托山地资源优势，开发高附加值油菜产品，可以大大提升经济效益。结合油菜多功能开发利用，以高端优质菜籽油、富硒油菜薹、四季油菜花等科技新成果为支撑，引导生产者绿色化投入，形成独具特色的绿色山地油菜产品。推进油菜生产端和消费端协同发力，形成高品质、高效益、精细化耕作的良性循环。并进一步结合王汉中院士提出的全区域、全链条亩产值超万元的油菜"双全万元"模式，为推进山地乡村产业振兴作出更大贡献。

2. 整合山地资源，促进一二三产业的融合发展　在疫情防控常态化和中美博弈长期化的严峻形势下，大力发展油菜生产，是保障国家食用油安全、实施进口大豆替代、实现油料油脂国内循环为主体和国内国际资源统筹高效利用的战略支撑，对乡村振兴、健康中国战略具有重要意义。党的十九届五中全会为"十四五"和2035战略规划描绘了蓝图，提出优先发展

农业农村，全面推进乡村振兴。油菜是我国特色优势大田作物，山地油菜是我国油菜生产的重要组成，推进山地油菜产业绿色高质高效振兴跨越工程，正逢其时。山地油菜是我国油料和食用植物油供给安全的重要补充，应整合资源，采取措施稳定山地油菜生产，促进一二三产业的融合发展。第一，在合适区域通过土地流转发展适度规模经营，提高劳动生产率，降低单位劳动成本。从基础设施、产业项目、补贴、土地使用、金融保险等方面鼓励发展家庭农场、合作社和种植大户等新型农业商业经营主体，对种植大户实施精准补贴。第二，启动油菜机械化作业补贴，加快可进行大规模化作业的地区的生产全程机械化，降低生产经营成本。第三，构建与现代农业发展相匹配、全民共享社会成果的多元化新型农业社会化服务体系。按照主体多元化、服务专业化、运作市场化的要求，推动政府公益性服务机构等各类服务主体在农资供应、农机作业、技术推广、产品营销、金融保险等方面为现代农业生产、市场销售、安全消费等多环节提供多形式、全方位的综合配套服务。第四，拓展农业内涵，挖掘油菜菜用、赏花、绿肥、饲料、蜜用、医药等多种功能，提升油菜产业的整体价值。第五，弘扬特色产业，实施差异化和品牌化产业战略。与国外进口菜籽压榨油相比，小榨浓香型菜籽油在品质、食用口感和非转基因上存在明显优势。建议培育一批龙头企业，通过产品研发、技术升级、设备改造等方式，在保障大榨份额的基础上，发展浓香型菜籽油，打造本土特色品牌，提升产业综合竞争力。第六，突出三产融合发展，构建现代农业产业体系。通过实施"互联网＋现代农业"计划，以新型经营主体为核心，以农产品加工业、休闲农业和乡村旅游业为引领，促进农村一二三产业相互渗透、交叉和融合，充分挖掘农业的文化价值、教育价值、生态价值和景观价值等。让农民分享二三产业增值效益，提高农

业效益，提高生产积极性。将农业生产动能转化为未来农业的
主导动能，由增加化学投入物、机械设施以及新种子等现代生
产要素投入来提高土地生产率和劳动生产率，通过新产业、新
业态，实现农业产业多功能的新动能。

主要参考文献

卜翠萍，施保国，徐建明，等，2012. 淮安市油菜田访花昆虫资源研究
　　［J］. 安徽农业科学，40（24）：12092 - 12093.

程泰，陈爱武，蒋博，等，2020. 油菜绿色高质高效技术"345"模式示范
　　推广成效及应用前景［J］. 中国农技推广，36（10）：27 - 29.

董坤，刘意秋，李华，等，2009. 氮磷钾硼配施对油菜泌蜜量的影响［J］.
　　植物营养与肥料学报，15（2）：435 - 440.

范连益，惠荣奎，邓力超，等，2020. 湖南油菜产业发展的现状、问题与
　　对策［J］. 湖南农业科学（4）：80 - 83，87.

高菊生，徐明岗，董春华，等，2013. 长期稻-稻-绿肥轮作对水稻产量及
　　土壤肥力的影响［J］. 作物学报，39（2）：343 - 349.

龚一飞，1979. 蜜蜂授粉增产的理论和实践［J］. 中国蜂业（5）：11 - 16.

郭燕枝，杨雅伦，孙君茂，2016. 我国油菜产业发展的现状及对策［J］.
　　农业经济（7）：44 - 46.

郭媛，邵有全，2008. 蜜蜂授粉的增产机理［J］. 山西农业科学（3）：42 - 44.

国家油菜产业体系，2016. 中国现代农业产品可持续发展战略研究油菜分
　　册［M］. 北京：中国农业出版社.

何静，李侠，2020. 油菜产业健康发展的探索与实践——以油菜花节为例
　　［J］. 基层农技推广，8（8）：66 - 68.

赫迪，2017. 基因型、环境、管理措施互作对中国油菜产量影响的模拟研
　　究［D］. 北京：中国农业大学.

胡新洲，杨进成，李红彦，等，2019. 山地油菜避灾高效栽培增产、提质

及节本效应分析 [J]. 广东农业科学，46 (3)：17-23.

胡志超，张会娟，钟挺，等，2011. 推进南方丘陵山区农业机械化发展思考 [J]. 中国农机化学报 (5)：16-18.

惠荣奎，邓力超，李莓，2018. 绿肥油菜油肥1号对土壤养分和鲜食玉米产量的影响 [J]. 湖南农业科学 (3)：36-38.

姜心禄，易靖，郑家国，等，2013. 西南丘陵山地油菜机播机收的试验研究 [J]. 西南农业学报，26 (4)：1654-1659.

金水华，魏文挺，易松强，等，2011. 平湖地区油菜蜜蜂授粉效果的研究 [J]. 蜜蜂杂志，8 (31)：1-3.

金小马，王国槐，刘本坤，等，2008. 薹油两用油菜研究进展 [J]. 作物研究，22 (S1)：445-448.

冷博峰，李谷成，冯中朝，等，2021. 农户对油菜品种不同性状主观需求的变化趋势与群体间差异分析 [J]. 华中农业大学学报，40 (2)：55-66.

李静，吴向辉，郑兆阳，等，2016. 油菜蜜蜂授粉与绿色防控技术的集成示范 [J]. 安徽农学通报，22 (9)：92-93.

李位三，王习霞，张远兵，1991. 植物生长调节剂，微量元素对油菜等泌蜜量和籽实产量影响的试验 [J]. 安徽技术师范学院学报 (2)：26-29.

李志玉，廖星，涂学文，等，2003. 氮、磷、钾、硼配施对油菜品种产量、品质的影响 [J]. 湖北农业科学 (6) 33-37.

廖宜涛，黄海东，廖庆喜，2014.2BFQ-4型油菜精量联合直播机的研制 [J]. 广东农业科学，41 (10)：185-188.

刘成，黄杰，冷博峰，等，2017. 中国油菜产业现状、发展困境及建议 [J]. 中国农业大学学报，22 (12)：203-210.

刘海静，张香粉，2020. 河南省主要农作物品种审定变化趋势分析 [J]. 中国种业 (10)：34-37.

刘明，毕影东，何鑫淼，等，2019. 饲料油菜青贮加工品质及民猪的饲喂效果研究 [J]. 饲料研究，42 (9)：51-54.

刘新红，周兴，邓力超，等，2020. 油菜绿肥的腐解特征及养分释放对土

壤肥力的影响 [J]. 湖南农业科学（5）：31-36.

刘意秋，1997. 影响蜜蜂授粉的因素综述 [J]. 蜜蜂杂志（4）：26-27.

刘志伟，李先容，杨泽宇，2021. 中国油菜产业实现单产、总产、面积、含油量和双低品质"五齐升" [J]. 中国食品（3）：154-155.

卢坤，申鸽子，梁颖，等，2017. 适合不同产量的环境下油菜高收获指数的产量构成因素分析 [J]. 作物学报，43（1）：82-96.

鲁剑巍，陈防，刘冬碧，等，2001. 施钾水平对油菜生物量积累和籽粒产量的影响 [J]. 湖北农业科学（4）：49-51.

罗雨薇，戴雪香，董霞，等，2017. 云南5个不同品种油菜泌蜜差异 [J]. 中国蜂业，68（3）：20-23.

马霓，李云昌，胡琼，等，2010. 我国南方冬油菜机械化生产农艺研究进展 [J]. 中国油料作物学报，32（3）：451-455.

倪世俊，2005. 我国的主要放蜂路线 [J]. 养蜂科技（2）：20.

年夫照，石磊，徐芳森，等，2004. 硼对不同硼效率甘蓝型油菜产量和品质的效应 [J]. 中国油料作物学报，26（4）：63-65.

欧阳芳，王丽娜，闫卓，等，2019. 中国农业生态系统昆虫授粉功能量与服务价值评估 [J]. 生态学报，39（1）：131-145.

蒲晓斌，崔成，蒋俊，等，2018. 四川油菜的重要产业地位及应加强的主要产业环节 [J]. 四川农业科技（3）：66-67.

祁文忠，田自珍，缪正瀛，等，2009. 黄土高原油菜意大利蜜蜂授粉效果初报 [J]. 中国蜂业，60（10）：12-14.

全国农技推广中心，2009. 双低油菜免耕节本增效 [M]. 北京：中国农业出版社.

沈康荣，2008. 山地油菜三十年 [M]. 北京：中国农业科学技术出版社.

沈振国，张秀省，王震宇，等，1994. 硼素营养对油菜花粉萌发的影响 [J]. 中国农业科学，27（1）：51-56.

史刚荣，1996. 虫媒植物与传粉昆虫的协同进化 [J]. 生物学杂志，71（3）：46-48.

苏伟，鲁剑巍，周广生，等，2011. 免耕及直播密度对油菜生长、养分吸收和产量的影响 [J]. 中国农业科学，44 (7)：1519-1526.

孙飞，陈玉萍，2019. 湖北省油菜种植收益影响因素的实证分析 [J]. 中国农业大学学报，24 (9)：198-206.

汤顺章，唐淑菊，尹必文，等，2020. 访花昆虫种类及授粉对油菜产量贡献率研究 [J]. 现代农业科技 (11)：11-13.

田玉娅，2016. 基于灰色关联分析的湖北省油菜生产影响因素研究 [D]. 武汉：湖北大学.

万星宇，廖庆喜，廖宜涛，2021. 油菜全产业链机械化智能化关键技术装备研究现状及发展趋势 [J]. 华中农业大学学报，40 (2)：24-44.

汪波，刘姝，甘丽，等，2019. 油菜多功能利用技术模式 [J]. 长江蔬菜 (6)：29-31.

汪波，宋丽君，王宗凯，等，2018. 我国饲料油菜种植及应用技术研究进展 [J]. 中国油料作物学报，40 (5)：695-701.

王汉中，2007. 我国油菜产需形势分析及产业发展对策 [J]. 中国油料作物学报 (1)：101-105.

王汉中，2018. 以新需求为导向的油菜产业发展战略 [J]. 中国油料作物学报，40 (5)：613-617.

王俊刚，赵福，雷朝亮，2005. 大头金蝇授粉对油菜产量的影响 [J]. 中国油料作物学报 (4)：31-34.

王燕，王国槐，2008. 薹油两用油菜高效栽培技术研究 [J]. 安徽农业科学 (26)：11287-11288，11335.

吴崇友，2013. 稻油（麦）轮作机械化技术 [M]. 北京：中国农业出版社.

吴崇友，2017. 油菜机械化收获技术 [M]. 南京：江苏大学出版社.

吴崇友，2017. 油菜机械化收获技术 [M]. 镇江：江苏大学出版社.

吴崇友，王积军，廖庆喜，等，2017. 油菜生产现状与问题分析 [J]. 中国农机化学报，38 (1)：124-131.

吴杰，2012. 蜜蜂学［M］. 北京：中国农业出版社.

吴明亮，官春云，罗海峰，等，2010.2BYD-6型油菜浅耕直播施肥联合播种机设计与试验［J］. 农业工程学报，26（11）：136-140.

谢霖霖，胥保华，孙阳恩，等，2011. 蜜蜂授粉对油菜籽产量及油中脂肪酸组成的影响［J］. 蜜蜂杂志，31（4）：41-43.

熊勇杰，2019. 农业补贴政策对中国油菜籽生产影响的研究［D］. 成都：西南财经大学.

胥保华，尹居录，2009. 蜜蜂为油菜授粉的增产效果及蜂群管理技术［J］. 中国蜂业，60（12）：40.

徐传球，2014. 影响油菜泌蜜的因素［J］. 蜜蜂杂志（4）：35.

徐亮，唐国永，杜德志，2019. 我国双低油菜多功能利用及青海省发展潜力分析［J］. 青海大学学报，37（3）：41-48.

徐万林，1992. 中国蜜粉源植物［M］. 哈尔滨：黑龙江科学技术出版社.

鄢勤，张春容，童守远，等，2019. 安全用药保护蜜蜂授粉及其对油菜生产的作用［J］. 植物医生，32（5）：58-61.

杨光圣，员海燕，2009. 作物育种学总论［M］. 北京：科学出版社.

杨建利，高贵廉，2000. 蜜蜂传粉与油菜增产［J］. 作物杂志（4）：17.

姚琳，孙璇，咸拴狮，等，2020. 油菜多功能利用及发展前景［J］. 粮食与油脂，33（11）：32-35.

殷艳，陈兆波，余健，等，2010. 中国油菜生产潜力分析［J］. 中国农业科技导报，12（3）：16-21.

张静，2018. 湖北省油菜生产比较效益及农户种植意愿研究［D］. 武汉：华中农业大学.

张雯丽，2017. 供给侧结构性改革背景下油菜产业发展路径选择［J］. 农业经济问题，38（10）：11-17.

张英俊，王明利，黄顶，等，2011. 我国牧草产业发展趋势与技术需求［J］. 现代畜牧兽医（10）：8-11.

张哲，殷艳，刘芳，等，2018. 我国油菜多功能开发利用现状及发展对策

［J］．中国油料作物学报，40（5）：618-623.

张智，2018. 长江流域冬油菜产量差与养分效率差特征解析［D］．武汉：华中农业大学.

张智，孔建，李永红，等，2020. 陕西省油菜产业发展现状、存在问题及发展对策［J］．中国种业（7）：36-38.

赵国全，2017. 试论我省种业发展存在的问题与解决思路［J］．种子世界（10）：3.

赵中华，杨普云，李萍，等，2015. 蜜蜂授粉与绿色防控增产技术集成应用与示范效果初报［J］．中国植保导刊，35（4）：43-45.

钟燕，熊秋芳，雷建华，2010. 湖北省油菜产业发展现状与对策［J］．中国农技推广，26（3）：8-10.

周德平，吴淑杭，褚长彬，等，2020. 油菜绿肥还田对后茬水稻产量、稻田土壤理化性状及微生物的影响［J］．上海农业学报，36（5）：68-73.

朱洪勋，李贵宝，张翔，等，1995. 高产油菜营养吸收规律及施用氮磷钾对产量及品质的影响［J］．土壤肥料（5）：34-37.

朱永慧，2011. 湖北省油菜籽生产影响因素及对策分析［D］．武汉：华中农业大学.

CRAD S D，HUME D E，ROODI D，et al，2015. Beneficial endophytic micro-organisms of Brassica - A review［J］. Biological Control，90：102-112.

ELFSTRAND S，HEDLUND K，MARTENSSON A，2006. Soil enzyme activities，microbial community composition and function after 47 years of continuous green manuring［J］. Applied Soil Ecology，35（3）：610-621.

JAUKER F，WOLTERS V，2008. Hover flies are efficient pollinators of oilseed rape［J］. Oecologia，156（4）：819-823.

MALHI S S，RAZA M，SCHOENAU J J，et al，2003. Feasibility of boron fertilization for yield，seed quality and B uptake of canola in northeastem Saskatchewan［J］. J Soil Sci，83：99-108.

MORSE R，CALDERONE N，1999. The value of honey bees as pollinators of U. S. crops in 2000 [J] . Bee Culture，128：1－15.

SATORU SHIMOKAWA，2015. Sustainable meat consumption in China [J]. Journal of Integrative Agriculture，14 (6)：1023－1032.

STANLEY D A，GUNNING D，STOUT J C，2013. Pollinators and pollination of oilseed rape crops (*Brassica napus* L.) in Ireland：ecological and economic incentives for pollinator conservation [J] . Journal of Insect Conservation，17 (6)：1181－1189.

图书在版编目（CIP）数据

山地油菜绿色高效生产技术 / 李俊主编 . —北京：
中国农业出版社，2022.6
ISBN 978-7-109-28297-1

Ⅰ.①山…　Ⅱ.①李…　Ⅲ.①油菜－油料作物－栽培
技术　Ⅳ.①S565.4

中国版本图书馆 CIP 数据核字（2021）第 097755 号

中国农业出版社出版
地址：北京市朝阳区麦子店街 18 号楼
邮编：100125
责任编辑：廖　宁
版式设计：杜　然　责任校对：吴丽婷
印刷：中农印务有限公司
版次：2022 年 6 月第 1 版
印次：2022 年 6 月北京第 1 次印刷
发行：新华书店北京发行所
开本：880mm×1230mm　1/32
印张：5.75
字数：148 千字
定价：38.00 元
